FORSCHUNGSBERICHTE DES LANDES NORDRHEIN-WESTFALEN

Nr. 3151 / Fachgruppe Physik/Chemie/Biologie

Herausgegeben vom Minister für Wissenschaft und Forschung

Priv.-Doz. Dr. rer. nat. Bernd A. Huber
Institut für Experimentalphysik AG II
Leitung: Prof. Dr. rer. nat. Klaus Wiesemann
Ruhr-Universität Bochum

Umladung von langsamen, mehrfach
geladenen Ionen in Neutralgasen

Westdeutscher Verlag 1982

CIP-Kurztitelaufnahme der Deutschen Bibliothek

Huber, Bernd A.:
Umladung von langsamen, mehrfach geladenen
Ionen in Neutralgasen / Bernd A. Huber. -
Opladen : Westdeutscher Verlag, 1982.
　　(Forschungsberichte des Landes Nordrhein-
　　Westfalen ; Nr. 3151 : Fachgruppe Physik,
　　Chemie, Biologie)
　　ISBN 3-531-03151-1

NE: Nordrhein-Westfalen: Forschungsberichte
des Landes ...

© 1982 by Westdeutscher Verlag GmbH, Opladen
Herstellung: Westdeutscher Verlag
Druck und buchbinderische Verarbeitung:
Lengericher Handelsdruckerei, 4540 Lengerich
Printed in Germany

ISBN 3-531-03151-1

Vorwort

In der vorliegenden Arbeit sind die Resultate mehrjähriger Untersuchungen der Umladungsreaktionen mehrfach geladener Ionen bei Stößen mit neutralen Atomen oder Molekülen zusammengefaßt. Das Gewicht der Untersuchungen lag hierbei nicht nur auf der Messung totaler Wirkungsquerschnitte, sondern auch auf der Bestimmung der Energietönung der Reaktion. Die Zusammenschau von etwa 200 vermessenen Reaktionen liefert ein erstaunlich geschlossenes Bild für den Mechanismus der Umladungsreaktion.

Es gibt einen ziemlich universalen Zusammenhang zwischen Energiedefekt (d.h. Kreuzungspunkt der diabatischen Potentialkurven des Quasimoleküls) und Größe des totalen Wirkungsquerschnitts. Dies erlaubt nicht nur totale Wirkungsquerschnitte einigermaßen quantitativ vorauszusagen, sondern z. B. auch Ordnung in das verwirrende Bild der Verhältnisse der besonders wichtigen Umladungsquerschnitte mehrfach geladener Ionen in atomarem und molekularem Wasserstoff zu bringen.

Darüber hinaus wird hier zum ersten Mal der Versuch einer geschlossenen Darstellung des Mehrelektronentransfers unternommen.

Bochum, den 18. August 1982   Prof. Dr. K. Wiesemann

Inhalt

1	Einführung in den Problemkreis	1
2	Zur Theorie der Umladung mehrfach geladener Ionen	9
2.1	Allgemeine Betrachtung	9
	2.1.1 Adiabatische und diabatische Darstellung von Molekülzuständen	10
	2.1.2 Halbklassische Darstellung des Stoßprozesses, Matrixelemente des Kopplungsoperators	14
	2.1.3 Charakteristische Eigenschaften des Stoßsystems ($A^{z+} + B$) für $z \gg 1$	21
2.2	Spezielle Modelle zur Beschreibung des Einelektroneneinfangprozesses	24
	2.2.1 Das Landau-Zener-Modell und seine Erweiterung auf Systeme mit vielen Potentialkurvenkreuzungen	24
	2.2.2 Das Absorptionsmodell	31
	2.2.3 Das Tunnel- oder Zerfallsmodell	37
	2.2.4 Das Modell der klassisch erlaubten Übergänge	43
	2.2.5 Überblick über weitere Theorien	50
2.3	Beschreibung von Mehrelektronenaustauschprozessen	59
3	Experiment und Meßmethode	62
3.1	Anforderungen an die Meßanordnung	62

3.2	Aufbau der Streuapparatur		65
	3.2.1	Ionenquellen zur Erzeugung mehrfach geladener Ionen	67
	3.2.2	Aufbau und Eigenschaften der verwendeten Targets	74
	3.2.2.1	Eigenschaften des Gastargets (Stoßzelle)	75
	3.2.2.2	Aufbau des Targets für atomaren Wasserstoff	77
	3.2.2.3	Kalibrierung des Targets für atomaren Wasserstoff	86
	3.2.3	Die Nachweiseinheit	93
3.3	Meßprinzip und Fehlerquellen		98
	3.3.1	Bestimmung der differentiellen und totalen Wirkungsquerschnitte für den Elektroneneinfang	98
	3.3.2	Bestimmung von Umladungsquerschnitten in atomarem Wasserstoff	102
	3.3.3	Identifizierung der Reaktionskanäle	104
	3.3.4	Diskussion der Meßfehler	106
4	Diskussion der Meßergebnisse		109
4.1	Charakteristische Eigenschaften der Elektroneneinfangquerschnitte		109
4.2	Der Energiedefekt als Auswahlkriterium für die Reaktionskanäle		116
4.3	Qualitative Beschreibung der Wirkungsquerschnitte für den Elektroneneinfang im Bereich niedriger Projektilladungen z		131
4.4	Vergleich mit der Theorie und mit anderen experimentellen Ergebnissen		136

4.5	Skalierung der Wirkungsquerschnitte bei hohen Ladungszahlen z	151
4.6	Oszillationen in der z-Abhängigkeit der Elektroneneinfangquerschnitte	160
4.7	Vergleich der Elektroneneinfangquerschnitte in atomarem und molekularem Wasserstoff	168
4.8	Ergebnisse zum Einfang mehrerer Elektronen	176
4.9	Der Einfluß naher Stöße auf den Elektroneneinfang	186
4.10	Analyse der langsamen Targetionen beim Elektroneneinfang in molekularem Wasserstoff	189
5	Zusammenfassung	193
	Referenzen	198
6	Anhang	207
6.1	Übersicht über die verwendeten Symbole	207
6.2	Zusammenstellung der untersuchten Reaktionssysteme	210
6.3	Zusammenstellung der gemessenen Energiedefekte	212
6.4	Übersicht über die in Fig. 36 und Fig. 37 verwendeten Reaktionen	214

1 Einführung in den Problemkreis

In der vorliegenden Arbeit sollen Elektroneneinfangprozesse betrachtet werden, die durch folgende Reaktionsgleichung beschrieben werden können:

$$A^{z+} + B \rightarrow A^{(z-m)+} + B^{m+} \quad . \tag{1.1}$$

In diesem Prozeß trifft ein energiereiches Projektilion A^{z+} mit der Ladung $+z \cdot e$ auf ein neutrales Targetatom (oder Targetmolekül) B und fängt während der Wechselwirkung beider Teilchen m Elektronen des Targetatoms ein. Nach dem Stoßprozeß befindet sich das Projektil im Ladungszustand $(z-m)$, das langsame Targetatom hat m Elektronen verloren. Energiereich soll dabei bedeuten, daß die kinetische Energie, die im Schwerpunktsystem zur Verfügung steht, größer ist als die Bindungsenergie der an der Umladung beteiligten Elektronen. Andererseits wollen wir uns bei den Untersuchungen auf den sogenannten "adiabatischen" Geschwindigkeitsbereich konzentrieren, d. h. die Stoßgeschwindigkeit v soll kleiner sein als v_o, die Bahngeschwindigkeit der "aktiven" Elektronen. Für ein Target aus atomarem Wasserstoff bedeutet dies: $v \ll v_o = 2{,}188 \times 10^8 \text{ cm} \cdot \text{s}^{-1}$.

Eng verwandte Prozesse, die neben dem Transfer von Elektronen eine zusätzliche Ionisierung des Targetatoms zur Folge haben, sollen an dieser Stelle nicht betrachtet werden. Sie bilden selbst eine Klasse von Reaktionen, die sich durch eine große

Vielfalt von möglichen Reaktionsmechanismen auszeichnet und deren Studium andere experimentelle Untersuchungsmethoden erfordert. Insbesondere ist die Spektroskopie der emittierten Elektronen notwendig, um detaillierte Aussagen über den Stoßprozeß zu erhalten.

Der Bereich der Ladungszahlen z, die zur Zeit in Experimenten bei niedrigen Stoßenergien erzeugt werden können, erstreckt sich von $2 \leq z \leq 10$, wobei naturgemäß Systeme mit hohen Ladungszahlen weniger häufig untersucht wurden. Im Gegensatz hierzu ist die Gültigkeit vieler Theorien und Modelle gerade auf den Bereich hoher Ladungszahlen beschränkt; es werden Systeme mit Projektilladungen zwischen 5 und ~ 50 betrachtet.

Wie sich noch zeigen wird, ist in den meisten der untersuchten Systeme der Einfang eines Elektrons (d. h. m=1) der dominante Prozeß; allerdings wurde in verschiedenen Experimenten [1-4] - bei Stößen mit Mehrelektronentargets - ein gleichzeitiger Einfang von mehreren Elektronen ($m \leq 4$) in einem Stoß nachgewiesen.

Der Prozeß des Elektroneneinfangs ist bereits vor vielen Jahren (um 1920) von Henderson [5] beim Durchgang von α-Teilchen durch Absorptionsfolien untersucht worden und hat seitdem großes Interesse gefunden. Einerseits zeigt ein Vergleich mit anderen Stoßprozessen, daß der Wirkungsquerschnitt für die Umladung relativ große Werte annehmen kann, d. h. der Elektroneneinfang mit hoher Wahrscheinlichkeit erfolgt. Für das Verständnis einzelner Systeme ist daher die Untersuchung des Elektroneneinfangprozesses eine notwendige Voraussetzung. Andererseits stellten diese Reaktionen eine Herausforderung an die Theorie dar, da selbst für einfachere Stoßsysteme keine allgemein gültige, angemessene theoretische Behandlung zur Verfügung stand. Im einfachsten System (H^+ + H) ist bereits die Wechselwirkung dreier Teilchen zu berücksichtigen, so daß eine analytische Lösung des Problems ohne Einschränkungen nicht mehr möglich ist.

Innerhalb der letzten Jahre hat das Gebiet der umladenden Stöße zwischen mehrfach geladenen Ionen und neutralen Atomen eine stürmische Entwicklung erfahren. Das gestiegene Interesse an diesem Problemkreis liegt einerseits daran, daß verbesserte mathematische Methoden und theoretische Modelle nun in der Lage sind, zum besseren Verständnis der Prozesse beizutragen. Andererseits ist jedoch auch die große Bedeutung der Elektroneneinfangprozesse in sehr verschiedenen Anwendungsbereichen erkannt worden. Sie spielen eine wesentliche Rolle im Zusammenhang mit dem Problem der Verunreinigungen in Fusionsplasmen [6-9], bei der Bestimmung der Ionisationsstruktur in astrophysikalischen Plasmen [10,11] sowie bei der Entwicklung neuer Lasersysteme im Bereich kurzer Wellenlängen (VUV bzw. Röntgengebiet) [12-15]. Im folgenden sollen einige Probleme, deren Lösung die Untersuchung der entsprechenden Umladungsreaktionen erfordert, näher erläutert werden:

a) Die Eigenschaften von Fusionsplasmen sind stark von der Konzentration hoch geladener Verunreinigungsionen abhängig,

die durch die Plasma-Wand-Wechselwirkung erzeugt und während
ihrer Diffusion in das Plasma durch sukzessive Elektronenstöße in hohe Ladungszustände ionisiert werden. Umladungsprozesse dieser Ionen (C, O, Fe, Mn, Cr, Ni, W, Mo) mit
neutralen Plasmateilchen führen entsprechend der Reaktion

$$A^{z+} + B \rightarrow A^{(z-1)+*} + B^{+} \qquad (1.2)$$

zur Bildung hochangeregter Ionenzustände, die durch die
Emission energiereicher Photonen zerfallen [16]. Die Größe
der Elektroneneinfangsquerschnitte bei Ionenenergien unterhalb von etwa 10 keV ist daher für die Energieverluste
durch Linienstrahlung und die Energiebilanz des Plasmasystems
mitentscheidend. Bei Kenntnis der Wirkungsquerschnitte für
den Elektroneneinfang in angeregte Zustände ist es möglich,
maximale Konzentrationen schwerer Ionen zu berechnen [17],
bei denen die Energieverluste eine tolerierbare Grenze nicht
überschreiten.

b) Unter Ausnutzung von Elektroneneinfangprozessen ist eine
Inversion in der Zustandsbesetzung atomarer Systeme, die für
die Funktion eines Lasersystems notwendig ist, erreichbar.
Der Elektroneneinfang in hoch geladene Ionenzustände führt,
infolge der höheren Bindungsenergie der Valenzelektronen,
zu einer Emission und damit zu einer möglichen Laserwirkung
im Wellenlängenbereich des VUV bzw. in dem Gebiet der weichen
Röntgenstrahlung. Erwähnt sei als Beispiel die Reaktion

$$He^{2+} + Li \rightarrow He^{+}(n=3) + Li^{+} , \qquad (1.3)$$

bei der im untersuchten Energiebereich (1-7 keV) das 2s-Elektron des L̇i-Atoms bevorzugt in den 3p-Zustand des He^+-Ions eingefangen wird [18,19]. Die hohe Selektivität der Reaktion sowie der hohe Wirkungsquerschnitt ($\sigma_{theor.} = 7 \times 10^{-15}$ cm^2; $\sigma_{exp} = 2 \times 10^{-15}$ cm^2) führen zu einer intensiven Linienstrahlung im Bereich kurzer Wellenlängen (304 Å, 256 Å, 1640 Å).

c) In vielen astrophysikalischen Fragestellungen spielen Umladungsprozesse mehrfach geladener Ionen bei sehr niedrigen Stoßenergien eine wesentliche Rolle. Es hat sich gezeigt, daß die Ladungsverteilung verschiedener Elemente in weit entfernten Plasmen eine wertvolle diagnostische Sonde darstellt, um Aussagen über Größen wie die Temperatur, die Dichte und den Ionisierungsgrad zu gewinnen. Umladungsprozesse verändern jedoch die Ionisationsstruktur eines Plasmas sowohl direkt, in dem sie die Ionisierungsstufe erniedrigen, als auch indirekt über die nach dem Stoß emittierte Linienstrahlung, die ihrerseits andere im Plasma vorliegende Elemente ionisieren kann. Umladungsreaktionen zwischen H und He sowie mehrfach geladenen Ionen der Elemente C, N, O und Ne haben daher eine besondere Bedeutung. Eine detaillierte Zusammenstellung astrophysikalisch wichtiger Elektroneneinfangreaktionen wird in Ref. 11 und Ref. 20 angegeben.

Schließlich sei auf die Bedeutung der Umladungsprozesse bei der Entwicklung von Ionenquellen [21] im Zusammenhang mit Schwerionenbeschleunigern sowie auf ihre Anwendung als diagnostisches

Mittel zur Untersuchung von Fusionsplasmen [22-24] hingewiesen. Für sämtliche angeführten Beispiele ist es notwendig, Umladungsreaktionen bei niedrigen Stoßenergien ($E \leq 10$ keV) zu untersuchen, sowohl bezüglich ihres totalen Wirkungsquerschnittes als auch hinsichtlich des Zustandes, in welchen die Elektronen eingefangen werden.

Neben dieser anwendungsorientierten Motivation besteht jedoch auch ein fundamentales, atomphysikalisches Interesse am Studium der Stoßprozesse mehrfach geladener Ionen, da diese sich in vielerlei Hinsicht von jenen für $z=1$ unterscheiden. Bei der Umladung einfach geladener Projektile wird die Wechselwirkung bei großen Kernabständen sowohl vor als auch nach dem Stoß durch die Polarisationskräfte bestimmt. Dies führt dazu, daß jene Elektroneneinfangreaktionen bevorzugt ablaufen, die einen nahezu energieresonanten Charakter besitzen [25]. In den meisten Fällen ist daher eine Zweizustandsnäherung für die Beschreibung der Prozesse ausreichend. Im Gegensatz hierzu wird der Elektroneneinfang von mehrfach geladenen Projektilionen durch das starke langreichweitige Coulombfeld des hoch geladenen Ions bestimmt. Auch in dem Ausgangskanal, in dem beide Teilchen als Ionen vorliegen, wird die Potentialkurve, die den Zustand beschreibt, im wesentlichen durch den Coulombabstoßungsterm zu charakterisieren sein. Dies führt dazu, daß für $z \gg 1$ viele angeregte Zustände des Projektilions besetzt werden können, und damit zur Beschreibung des Prozesses eine Vielzustands-Näherung erforderlich ist.

Die Mehrzahl der experimentellen Untersuchungen von Elektronen-

einfangprozessen wurde bisher bei Stoßenergien oberhalb
~ 10 keV durchgeführt. Dies liegt vor allem an der Schwierigkeit, hoch geladene Ionen bei niedrigen Energien zu erzeugen.
In den meisten Experimenten wurden totale Wirkungsquerschnitte
für den Elektroneneinfang in Abhängigkeit von der Projektilladung z und der Bindungsenergie I_B des Elektrons im Targetatom bestimmt. Nur in wenigen Fällen wurden partielle Wirkungsquerschnitte für den Elektroneneinfang in spezifische Zustände
des Projektilions gemessen (siehe hierzu Abschnitt 3.1). Wir
haben uns daher entschlossen, den Prozeß des Elektroneneinfanges mehrfach geladener Ionen bei möglichst niedrigen Stoßenergien zu untersuchen und insbesondere der Frage nachzugehen,
in welche Zustände die Elektronen bevorzugt eingefangen werden.
Die im Rahmen dieser Arbeit durchgeführten Untersuchungen lassen
sich in folgende drei Hauptpunkte gliedern:

a) Das Verhalten der totalen Elektroneneinfangquerschnitte bei
möglichst niedrigen Stoßgeschwindigkeiten ($0,01 \leq v/v_o \leq 0,1$).
In diesem adiabatischen Bereich wurde die Abhängigkeit der
Wirkungsquerschnitte von der Stoßenergie E, der Ladungszahl z
und der Bindungsenergie I_B untersucht.

b) Die Bestimmung partieller Wirkungsquerschnitte für den Elektroneneinfang. Durch die Messung der Energiedefekte der
Reaktionen sollte geklärt werden, wodurch die Bedeutung
einzelner Reaktionskanäle festgelegt wird.

c) Die Umladung mehrfach geladener Ionen in atomaren Wasserstoff. Dieser Prozeß ist von besonderer Bedeutung für einige der erwähnten Anwendungsbereiche; außerdem läßt sich für ein Einelektronentarget eine bessere Überprüfung der verschiedenen, zur Zeit bestehenden Theorien durchführen.

In den folgenden Kapiteln sollen zunächst einige theoretische Modelle zur Beschreibung der Elektroneneinfangprozesse vorgestellt und die im Experiment verwendete Meßanordnung sowie das Meßprinzip näher erläutert werden. Im Abschnitt 4 werden die Ergebnisse der Energieverlustmessungen dargestellt und in Verbindung mit einem einfachen Potentialkurvenschema zur qualitativen Erklärung der Größe und des Verlaufes der Wirkungsquerschnitte herangezogen. Daneben wird ein quantitativer Vergleich mit den Ergebnissen der Theorie und mit anderen experimentellen Resultaten durchgeführt. Hierbei wird auch die Frage nach einer möglichen Skalierung der Wirkungsquerschnitte mit z und I_B diskutiert und die gefundenen oszillatorischen Strukturen in der z-Abhängigkeit näher betrachtet. Zum Abschluß sollen einige Ergebnisse zum Elektroneneinfang in atomarem Wasserstoff sowie zum gleichzeitigen Einfang mehrerer Elektronen analysiert werden.

2. Zur Theorie der Umladung mehrfach geladener Ionen

2.1 Allgemeine Betrachtung

Ein wesentlicher Parameter bei der theoretischen Behandlung von Stoßprozessen ist die Relativgeschwindigkeit v, mit der beide Teilchen aufeinander treffen. Ihre Größe bestimmt im Vergleich mit den Elektronengeschwindigkeiten in den einzelnen atomaren Systemen, welche Modelle zur Beschreibung des Stoßes geeignet sind. Erfolgt die Annäherung beider Kerne mit einer Geschwindigkeit $v \ll v_o$, so ist bei jedem Kernabstand R eine Umorientierung der Elektronenverteilung möglich. Der äußeren Elektronenhülle verbleibt genügend Zeit, sich dem verändernden Kernabstand und damit dem variablen Feld anzupassen. Das System kann daher bei kleinen Kernabständen als "Quasimolekül" betrachtet werden, inelastische Prozesse als Übergänge zwischen verschiedenen Molekülzuständen dieses kurzlebigen Systems. Betrachten wir den Grenzfall hoher Geschwindigkeiten, $v \gg v_o$, so ist eine Anpassung der Elektronenverteilung an den sich zeitlich verändernden Kernabstand nicht mehr möglich. Für diesen Geschwindigkeitsbereich ist eine Beschreibung des Stoßes durch atomare Wellenfunktionen geeignet, ebenso wie die Anwendung klassischer Betrachtungsweisen.

Bevor wir auf einige der entwickelten Modelle, vor allem für den Bereich $v \ll v_o$, eingehen wollen, erscheint es nützlich, kurz die grundlegenden Ideen bei der Behandlung von niederenergetischen Stößen zwischen Ionen und Atomen zu skizzieren. Eine ausführliche Beschreibung von Molekülzuständen sowie eine Analyse der möglichen Koppplungsmechanismen, die zu Übergängen zwischen verschiedenen Zuständen führen, ist z. B. von Smith [26], Janev [27] und Butler [28] durchgeführt worden.

2.1.1 Adiabatische und diabatische Darstellung von Molekülzuständen

In allen quantenmechanischen Näherungen zur Beschreibung von Zuständen zweiatomiger Moleküle spielt der große Massenunterschied zwischen den schweren Kernen sowie den leichten Elektronen eine große Rolle. Der dadurch bedingte große Unterschied in der Geschwindigkeit legt eine Trennung der Kern- und Elektronenbewegung im totalen Hamiltonoperator nahe:

$$H = T_R + H_{el} \quad \text{mit} \quad T_R = -\frac{\hbar^2}{2\mu} \cdot \vec{\nabla}_R^2. \qquad (2.1)$$

Hierbei ist der Operator der kinetischen Energie der Kerne mit T_R bezeichnet, μ bedeutet die reduzierte Masse beider Kerne und $\vec{R}$ den Vektor der relativen Kernposition. Mit H_{el} sei der Rest des totalen Hamiltonoperators gekennzeichnet:

$$H_{el} = \sum_{i=1}^{N} \left(-\frac{\hbar^2}{2m_e} \vec{\nabla}_i^2 - \frac{Z_A \cdot e^2}{4\pi\varepsilon_o \cdot r_{iA}} - \frac{Z_B \cdot e^2}{4\pi\varepsilon_o \cdot r_{iB}} + \sum_{j=i+1}^{N} \frac{e^2}{4\pi\varepsilon_o \cdot r_{ij}} \right)$$
$$+ \frac{Z_A \cdot Z_B}{4\pi\varepsilon_o \cdot R} + H_{magn}. \qquad (2.2)$$

Hierbei bedeuten N die Anzahl der Elektronen, m_e die Elektronenmasse, r_{iA}, r_{iB}, r_{ij} die Abstände des i-ten Elektrons vom Kern A und B bzw. vom Elektron j, Z_A und Z_B die Ladung der Kerne A und B. Der Term H_{magn} beschreibt die magnetische Wechselwirkung des Systems. Definiert man einen Satz von elektronischen Wellenfunktionen $\{\psi_k\}$, die parametrisch vom Abstand beider Kerne abhängen, so läßt sich die Gesamtwellenfunktion des Systems folgendermaßen darstellen:

$$\Psi(\vec{r},\vec{R}) = \sum_k \chi_k(\vec{R}) \cdot \psi_k(\vec{r},\vec{R}). \qquad (2.3)$$

Hierbei beschreibt $\vec{r}$ sämtliche Elektronenkoordinaten und $\chi_k(\vec{R})$ die Bewegung der Kerne. Ist $\{\psi_k\}$ eine vollständige, orthogonale Basis von Funktionen, so liefert Gl. (2.3) in Zusammenhang mit der stationären Schrödingergleichung

$$H\Psi = E_g \cdot \Psi \quad (E_g = \text{Gesamtenergie des Systems}) \qquad (2.4)$$

folgende Beziehung:

$$(T_R + H_{ii} + K_{ii} - E_g)\chi_i = - \sum_{k \neq i} (H_{ki} + K_{ki})\chi_k. \qquad (2.5)$$

Hierbei sind folgende Abkürzungen eingeführt worden:

$$H_{ki} = \langle \psi_i | H_{el} | \psi_k \rangle \qquad (2.6)$$

$$K_{ki} = \langle \psi_i | T_R | \psi_k \rangle - (\hbar^2/\mu) \langle \psi_i | \vec{\nabla}_R | \psi_k \rangle \cdot \vec{\nabla}_R. \qquad (2.7)$$

Das Gleichungssystem (2.5) ist exakt gültig für die Beschreibung von Molekülzuständen. Die Größe H_{ki} ist die Konfigurationswechselwirkung der elektronischen Zustände, K_{ki} repräsentiert die kinematische Kopplung der Kern- und Elektronenbewegung. Das Gleichungssystem (2.5) vereinfacht sich, wenn weitere Annahmen über den Basissatz $\{\psi_k\}$ gemacht werden. Wir wollen zunächst den Fall betrachten, daß die Wellenfunktionen ψ_k identisch sind mit den exakten Eigenfunktionen ϕ_k des Hamiltonoperators H_{el}. Dann gilt:

$$\langle \phi_i | H_{el} | \phi_k \rangle = U_k(R) \cdot \delta_{ki}. \qquad (2.8)$$

In dieser sogenannten "adiabatischen Darstellung" der Molekülzustände nimmt Gl. (2.5) folgende Form an:

$$(T_R + U_i + K_{ii}^{adiab.} - E_g) \chi_i^{adiab.} =$$

$$- \sum_{k \neq i} K_{ki}^{adiab.} \chi_k^{adiab.}. \qquad (2.9)$$

Eine Kopplung verschiedener Kernzustände wird allein durch den kinematischen Wechselwirkungsoperator K_{ki} bestimmt. Für stabile Molekülzustände sowie sehr langsame Stoßprozesse sind die Kopplungsterme $K_{ki}^{adiab.}$ vernachlässigbar klein, so daß die rechte Seite von Gl. (2.9) $\to$ o geht und man ein entkoppeltes Gleichungssystem für die Kernzustände im elektronischen Potential $U_i(R)$ erhält (Born-Oppenheimer Näherung, Ref. 29). Der Stoßprozeß verläuft adiabatisch, Übergänge in benachbarte Zustände sind sehr unwahrscheinlich. Erhöht man die Stoßgeschwindigkeit, so können die Kopplungsterme $K_{ki}^{adiab.}$ beträchtliche Werte erreichen, insbesondere bei jenen Kernabständen, wo die adiabatischen Potentialkurven $U_i(R)$ und $U_k(R)$ sich sehr nahe kommen bzw. eine "Pseudokreuzung" aufweisen. In diesen Bereichen, in denen der dynamische Kopplungsoperator viele nichtadiabatische Übergänge induziert, verliert offensichtlich die adiabatische Beschreibung der Molekülzustände ihren Sinn. Wählt man andererseits die Basisfunktionen $\{\psi_k\}$ derart, daß die dynamische

Kopplung in allen Kernabstandsbereichen sehr klein ist, so
gelangt man zu der sogenannten "diabatischen Darstellung" der
Molekülzustände. Die neuen Wellenfunktionen ψ_k sind nun keine
exakten Eigenfunktionen des Hamiltonoperators H_{el} mehr, so daß
die Matrix H_{ki} nicht mehr diagonalisiert wird. Gl. (2.4) nimmt
dann folgende Form an:

$$(T_R + H_{ii} - E_g)\chi_i^{diab.} = - \sum_{k \neq i} H_{ki}\chi_k^{diab.} \qquad (2.10)$$

In der diabatischen Darstellung werden Übergänge durch die
Konfigurationswechselwirkung, d. h. die Nichtdiagonalelemente
H_{ki} hervorgerufen. Da ψ_k keine exakte Lösung von H_{el} ist,
unterliegen die diabatischen Eigenwerte $H_{ii}(R)$ nicht der sogenannten
"Nichtüberkreuzungsregel" von Neumann und Wigner
[30]. Beschreiben die diabatischen Funktionen für $R \to \infty$
stationäre Zustände des Systems, so werden die diabatischen
Terme H_{ii} und H_{kk} bei jenem Kernabstand R_k eine Kurvenkreuzung
($H_{ii}(R_k) = H_{kk}(R_k)$) aufweisen, bei dem die entsprechenden adiabatischen
Kurven U_i, U_k eine Pseudokreuzung besitzen (bei
gleicher Symmetrie beider Zustände).

Schematisch sind die diabatischen und adiabatischen Potentialkurven
für zwei Zustände gleicher Symmetrie (d. h. gleicher
Projektion des Gesamtbahndrehimpulses der Elektronen bezüglich
der Kernverbindungsachse) in Fig. 1 dargestellt. Der minimale
Abstand der adiabatischen Potentialkurven am Kreuzungspunkt
ist gegeben durch $\Delta \approx 2 H_{12}$.

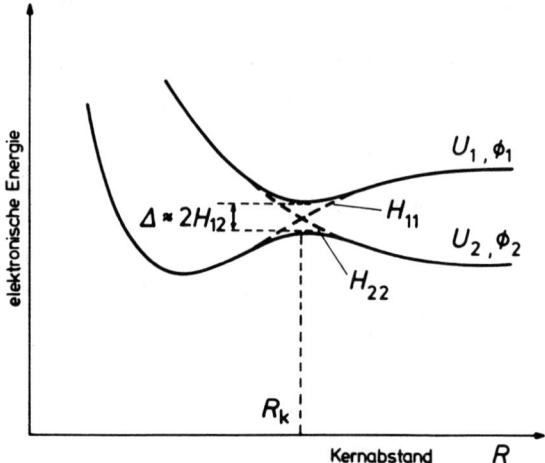

Fig. 1: Adiabatische (——) und diabatische (- - -) Potentialkurven in einem Zweizustandssystem

Bei der mathematischen Behandlung von Stoßprozessen kann nur eine begrenzte Anzahl von Funktionen im Basissatz berücksichtigt werden, so daß in der praktischen Anwendung der diabatischen Darstellung von Molekülzuständen eine große Bedeutung zukommt. Eine weitergehende Beschreibung über die Auswahl der Zustandsdarstellung sowie die Eigenschaften von diabatischen Zuständen ist z. B. in Ref. 31 und 32 zu finden.

2.1.2 <u>Halbklassische Darstellung des Stoßprozesses, Matrixelemente des Kopplungsoperators</u>

In der sogenannten halbklassischen Darstellung des Stoßes ist es möglich, eine genauere Klassifizierung der Kopplungsmechanismen anzugeben. In dieser Näherung wird die Bewegung der Kerne klassisch beschrieben, sie bewegen sich entlang einer klassischen Trajektorie $\vec{R} = \vec{R}(t)$. Für die Elektronenbewegung hingegen wird die quantenmechanische Beschreibung durch die zeitabhängige Schrödingergleichung gewählt:

$$i\hbar \cdot \frac{\partial \Psi(\vec{r},t)}{\partial t} = H_{el}(\vec{r},\vec{R}) \cdot \Psi(\vec{r},t). \qquad (2.11)$$

Entwickelt man die Gesamtwellenfunktion erneut nach einer vollständigen, orthogonalen Basis $\{\psi_k\}$, so erhält man

$$\Psi(\vec{r},t) = \sum_k c_k(t) \cdot \psi_k(\vec{r},\vec{R}) \cdot \exp(-(i/\hbar) \int^t H_{kk} dt). \qquad (2.12)$$

Mit Hilfe von Gl. (2.11) und Gl. (2.12) erhält man das folgende System gekoppelter Gleichungen:

$$i\hbar \frac{dc_i(t)}{dt} = \sum_{k \neq i} c_k(t) \cdot W_{ki} \cdot \exp(-(i/\hbar) \int^t (H_{kk} - H_{ii}) dt), \qquad (2.13)$$

wobei der Kopplungsterm W_{ki} definiert ist als

$$W_{ki} = \langle \psi_i | H_{el} - i\hbar \frac{\partial}{\partial t} | \psi_k \rangle. \qquad (2.14)$$

In dieser Darstellung entspricht die Bestimmungsgleichung für die Koeffizienten $c_k(t)$ (2.13) der exakten Gl. (2.5) für die Kernzustände, sowie der Kopplungsoperator $-i\hbar\partial/\partial t$ dem dynamischen Kopplungsterm K_{ki}.

Nichtadiabatische Übergänge werden durch den Operator W hervorgerufen. Für den Fall geringer Kopplung, d. h. $|W_{ki}| \ll |H_{kk}-H_{ii}|$, werden Übergänge sehr unwahrscheinlich, da der Exponentialterm in Gl. (2.13) stark oszilliert.

Geht man von einem raumfesten Koordinatensystem über zu einem System, das mit der Kernverbindungsachse während des Stoßes rotiert, so läßt sich eine Aufspaltung des Kopplungsoperators W in drei Terme durchführen [33]:

$$W_{ki} = \langle \psi_i | H_{el} | \psi_k \rangle - i\hbar v_R \langle \psi_i | \frac{\partial}{\partial R} | \psi_k \rangle - \omega \langle \psi_i | L_\perp | \psi_k \rangle. \qquad (2.15)$$

Hierbei bedeuten v_R die radiale Relativgeschwindigkeit beider Kerne entlang der Kernverbindungsachse, ω die Winkelgeschwindigkeit der Kernbewegung und $L_\perp$ ist die Drehimpulskomponente senkrecht zur Stoßebene. Eine solche Beschreibung ist nur dann sinnvoll, wenn die Änderung des elektronischen Drehimpulses bei den nichtadiabatischen Übergängen klein ist gegenüber dem Drehimpuls der Kernbewegung, so daß eine Stoßebene gut definiert ist. Der erste Term in Gl. (2.15) entspricht der Konfigurationswechselwirkung, der mittlere Term der sogenannten Radialkopplung und der dritte Term beschreibt Übergänge, die durch die Rotationskopplung hervorgerufen werden. Durch geeignete Wahl der Basisfunktionen kann ein Term in Gl. (2.15) zu Null gemacht werden; in der adiabatischen Darstellung werden die Übergänge durch die dynamischen Kopplungsoperatoren der radialen Bewegung bzw. der Rotation verursacht, in der diabatischen Darstellung ist es vor allem die Konfigurationswechselwirkung, die zu Übergängen Anlaß gibt. Die radiale Kopplung sowie die Konfigurationswechselwirkung können vor allem bei größeren Kernabständen zu Übergängen zwischen verschiedenen Molekülzuständen führen, die Rotationskopplung ist insbesondere bei kleinen Kernabständen sowie bei höheren Stoßgeschwindigkeiten wirksam.

Im Falle der diabatischen Darstellung können auch bei sich nicht kreuzenden Potentialkurven Übergänge induziert werden, nämlich dann, wenn die Beziehung $2|H_{ik}| \simeq |H_{kk} - H_{ii}|$ erfüllt ist.

Diese sogenannte Demkov-Kopplung [34-36] ist in vielen Stoßsystemen mit einfach geladenen Projektilionen der bestimmende Reaktionsmechanismus. Für die oben aufgeführten nichtadiabatischen Übergänge gelten verschiedene Auswahlregeln [37]:

Rotationskopplung: $\Delta\Lambda = \pm 1$; Parität des Zustands bleibt erhalten.

Radiale Kopplung: $\Delta\Lambda = 0$; Parität des Zustands bleibt erhalten.

Konfigurationswechselwirkung: keine besondere Auswahlregel.

Λ kennzeichnet die Komponente des Gesamtbahndrehimpulses der Elektronenhülle bezüglich der Kernverbindungsachse.

Zur Bestimmung von Wirkungsquerschnitten ist die Lösung des Gleichungssystems (2.13) unter den Randbedingungen $c_i(t=-\infty) = 1$, $c_k(t=-\infty) = 0$ für $k \neq i$ notwendig, wobei ψ_i asymptotisch den Anfangszustand beschreiben soll. Die Wahrscheinlichkeit, ein System zum Zeitpunkt t im Zustand ψ_k zu finden, ist gegeben durch $|c_k(t)|^2$. Damit läßt sich für den totalen Reaktionswirkungsquerschnitt folgende Bestimmungsgleichung aufstellen:

$$\sigma_{tot} = 2\pi \int_0^\infty \rho \, (1-|c_i(+\infty)|^2) d\rho, \qquad (2.16)$$

hierbei ist ρ der Stoßparameter der Reaktion. Entsprechend lassen sich partielle Wirkungsquerschnitte für Übergänge in spezifische Endzustände ψ_k definieren:

$$\sigma_{ik} = 2\pi \int_0^\infty \rho \, |c_k(+\infty)|^2 \cdot d\rho, \qquad (2.17)$$

wobei $\sigma_{tot} = \sum_k \sigma_{ik}$ gelten soll. $\qquad (2.18)$

Für die Berechnung von Wirkungsquerschnitten ist neben der Auswahl der Basisfunktionen die Bestimmung der Potentialkurven und der Kopplungselemente von eminenter Bedeutung. In adiabatischer Darstellung muß der minimale Energieabstand der beteiligten Potentialkurven am Ort der Pseudokreuzung $\Delta(R)$ bestimmt werden, in diabatischer Darstellung wird $\Delta(R)$ über die Berechnung der Austauschwechselwirkung gewonnen (bei zwei Zuständen gilt näherungsweise: $\Delta(R) \approx 2 H_{12}$).

Für große Kernabstände stimmen beide $\Delta(R)$-Werte überein, da sie die gleiche physikalische Bedeutung haben, nämlich die Delokalisierung der Elektronen im Bereich zwischen den Kernen. Eine gute Übersicht über die verschiedenen Darstellungen von $\Delta(R)$ wird in Ref. [27,38] gegeben.

Die adiabatische Darstellung wird vor allem bei einfachen Stoßsystemen gewählt. So haben Olson und Salop [39] für den Stoß nackter Kerne mit atomarem Wasserstoff (A^{Z+} + H(1s)) folgende Beziehung angegeben ($4 \leq z (=Z) \leq 54$):

$$\Delta(R_k) = E_H \cdot \frac{18,26}{z^{1/2}} \cdot \exp\{-1,324 \cdot R_k/a_0 \cdot z^{1/2}\}, \quad (2.19)$$

(E_H = 1 Hartree = 27,2 eV, a_0 = Radius der ersten Bohrschen Bahn).

Eine Erweiterung auf beliebige Targets ist in folgender Form möglich:

$$\Delta(R_k) = E_H \cdot \frac{18,26}{z^{1/2}} \cdot q^{1/2} \cdot \exp\{-1,324 \cdot (2I_B/E_H)^{1/2} \cdot R_k/a_0 \cdot z^{1/2}\}, \quad (2.20)$$

wobei q die Franck-Condon-Faktoren bei molekularen Targets und I_B die Bindungsenergie des Elektrons im Target bedeuten.

Die diabatische Darstellung hat den Vorteil, daß gerade im Kopplungsbereich der Exponentialterm in Gl. (2.13) nur schwache Oszillationen zeigt im Gegensatz zu den schnellen Oszillationen im adiabatischen Fall. Zum anderen lassen sich die Rechnungen für den Stoß eines beliebigen Atoms mit einem hochgeladenen Ion leichter durchführen.

Duman et al. [40] konnten in dieser Darstellung für das System (A^{Z+} + H(1s)) und den Elektroneneinfang in den Projektilzustand mit der Hauptquantenzahl n und der Bahndrehimpulsquantenzahl l folgende Relation herleiten:

$$H_{1s,nl}\Big/ E_H = \left\{ \frac{2(2l+1)}{n^3 \cdot \pi} \right\}^{1/2} \cdot \exp\left\{ -\frac{l(l+1)}{2z} \right\} \cdot \frac{R_k}{a_o} \cdot \exp\left\{ -\frac{R_k^2}{3a_o^2 \cdot z} \right\}. \quad (2.21)$$

Neben verschiedenen numerischen und analytischen Formen der Kopplungselemente [41-44] existieren jedoch auch halbempirische Beziehungen zwischen H_{ik} und R_k. Für die Kopplung zweier Zustände wurde von Olson [45] eine Parametrisierung des Kopplungselementes für den Einelektronenaustausch in folgender Form vorgeschlagen:

$$H_{12} = a \cdot R_k \cdot \exp\{-bR_k\}, \quad (2.22)$$

wobei a und b systemabhängige Konstanten sind. Dieser Darstellung liegen spezielle Annahmen über die Wechselwirkung zugrunde.

Insbesondere spielt die Tatsache eine Rolle, daß der Elektroneneinfang bei großen Kernabständen erfolgt und als Tunneleffekt durch die Potentialbarriere zwischen dem Projektilion und dem Targetatom aufgefaßt werden kann (siehe Abschnitt 2.2.3). Folglich wird der Umladungsprozeß durch den exponentiellen Teil der Wellenfunktion für das überwechselnde Elektron bestimmt. Dieser läßt sich näherungsweise durch wasserstoffähnliche Wellenfunktionen mit einer effektiven Ladung z_{eff} beschreiben.

Durch eine Anpassung von Gl. (2.22) an eine große Anzahl theoretisch und experimentell ermittelter Werte von H_{12} konnte Olson die Konstanten a und b genauer festlegen. Er erhielt für das allgemeine Stoßsystem (A^{z+} + B) folgende Beziehung:

$$H_{12}(R_k) = 1,044 \cdot \{ I_B(P) \cdot I_B(T) \}^{1/2} \cdot \frac{\gamma \cdot R_k}{a_o} \cdot \exp \{ -0,857 \cdot \frac{\gamma \cdot R_k}{a_o} \}. \qquad (2.23)$$

Hierbei sind $I_B(P)$, $I_B(T)$ die effektiven Bindungsenergien im Projektilzustand, in den das Elektron eingefangen wird, sowie im Target; $\gamma = (I_B(P)^{1/2} + I_B(T)^{1/2}) / (2 E_H)^{1/2}$.

Bei großen Kernabständen zeigen alle angegebenen Relationen eine exponentielle Abnahme der Kopplungsstärke mit R_k.

2.1.3 Charakteristische Eigenschaften des Stoßsystems ($A^{z+} + B$) für $z \gg 1$

Im Gegensatz zum Umladungsprozeß mit einfach geladenen Projektilionen wird das Stoßsystem $A^{z+} + B$ vor allem durch die langreichweitigen, abstoßenden Coulombkräfte im Ausgangskanal charakterisiert. Nach dem Elektroneneinfang laufen beide Stoßpartner als geladene Teilchen auseinander. Die diabatischen Potentialkurven, die für den Einelektronentransferprozeß von Bedeutung sind, lassen sich daher für große Kernabstände ($R \geq 4\,a_o$) näherungsweise durch folgende Gleichungen darstellen:

$$V_1(R) = -I_B(T) - \frac{\alpha_o \cdot z^2 \cdot e^2}{2(4\pi\varepsilon_o)^2 \cdot R^4} \quad \text{für } A^{z+} + B,$$

$$V_2(R) = -I_B(P) + \frac{(z-1) \cdot e^2}{4\pi\varepsilon_o \cdot R} - O(\tfrac{1}{R^4}) \quad \text{für } A^{(z-1)+} + B^+.$$

(2.24)

Hierbei ist α_o die Polarisierbarkeit des Targetatoms B, der Korrekturterm $O(1/R^4)$ im Ausgangskanal berücksichtigt die gegenseitige Polarisation beider Ionen. Als Nullpunkt der Energieskala wurde der Zustand $A^{z+} + B^+ + e^-$ gewählt.

Im Eingangskanal führt die Polarisationsanziehung im betrachteten Kernabstandsbereich zu einer schwachen Absenkung der Potentialkurve bei kleinen R-Werten. Im Ausgangskanal dominiert die Coulombabstoßung über die schwache Polarisationswechselwirkung.

Der Energiedefekt der Umladungsreaktion ergibt sich als Differenz der Potentiale $V_1(R)$ und $V_2(R)$ für $R \to \infty$, d. h. aus den Bindungsenergien des Elektrons im Anfangs- und Endzustand: $\Delta E = I_B(P) - I_B(T)$. Bei exothermen Reaktionen, d. h. $\Delta E > 0$,

kommt es zu einer Kreuzung beider Potentialkurven bei dem
Kernabstand

$$R_k \simeq \frac{(z-1)\cdot e^2}{4\pi\varepsilon_o} \cdot \frac{1}{\Delta E} \cdot \qquad (2.25)$$

Eine zusätzliche Berücksichtigung der Polarisationsanteile
führt zu einer geringen Verschiebung des Kreuzungsradius R_k.
Betrachten wir den Fall hoch geladener Projektilionen, so wird
beim Elektroneneinfang in den Grundzustand des Ions ein beträcht-
licher Betrag an Bindungsenergie freigesetzt, der nur zum Teil
bei der Ionisation des Targetatoms verbraucht werden kann. Die
Differenz (ΔE) wird bei der Coulombabstoßung in Form von kinetischer Energie auf beide Kerne übertragen. Entsprechend Gl.(2.25)
verfügen jedoch stark exotherme Reaktionen über Kurvenkreuzungen
bei sehr kleinen Kernabständen. Diese Reaktionen werden somit
nur sehr langsam, d. h. mit kleinen Wirkungsquerschnitten ablaufen können. Eine weitere Analyse der Termzustände der ge-
trennten Atome zeigt jedoch, daß für $z > 3$ der Elektroneneinfang in angeregte Zustände des Projektilions bei größeren Kreuzungsradien R_k möglich wird. Die Verhältnisse sind schematisch
in Fig. 2 dargestellt. Angeregte Zustände des Targetions spielen im Ausgangskanal eine geringere Rolle, da ein entsprechender Übergang die Umorientierung von zwei Elektronen bzw. den
Einfang eines "inneren" Targetelektrons erfordert.

Da die Niveaudichte höher angeregter Zustände sehr groß ist -
im reinen Coulombfeld gilt für den Energieabstand benachbarter Niveaus

$$\Delta E_{n,n-1} \simeq \frac{m_e \cdot z^2 e^4}{(4\pi\varepsilon_o \hbar)^2} \cdot \frac{1}{n^3} \quad - \qquad (2.26)$$

müssen bei der Umladung mehrfach geladener Ionen viele möglichen Endzustände berücksichtigt werden.

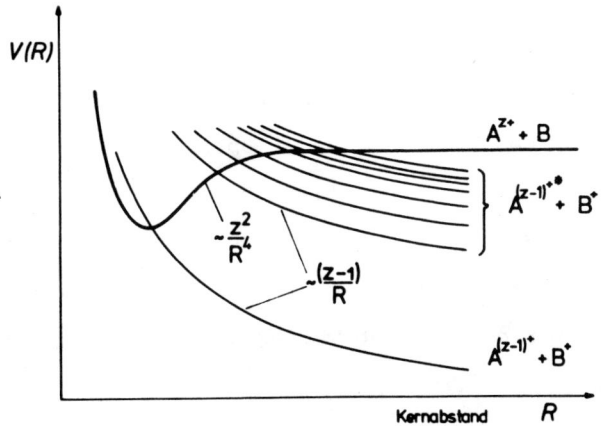

Fig. 2: Schematische Darstellung der diabatischen Potentialkurven bei großen Kernabständen für $z \gg 1$

Für hohe Werte von z koppelt somit der Anfangszustand (A^{z+} + B) mit einer großen Anzahl ionischer Konfigurationen ($A^{(z-1)+}$ + B^+). Diese Kopplung vieler Konfigurationen des Quasimoleküls ist die eigentliche Ursache für die inelastischen Elektroneneinfangprozesse.

Diese charakteristische Eigenschaft führt dazu, daß in verschiedenen Modellen das Spektrum der Endzustände, in die das Elektron eingefangen werden kann, als quasikontinuierlich betrachtet wird. Diese Näherung ist insbesondere dann gerechtfertigt, wenn die Ladungszahl des Projektils große Werte annimmt, d. h. $z \gg 1$.

2.2 Spezielle Modelle zur Beschreibung des Elektroneneinfangprozesses

In diesem Abschnitt sollen die grundlegenden Ideen einzelner Modelle zur Beschreibung des Einelektroneneinfangs näher erläutert werden. Vor allem jene Theorien sollen Berücksichtigung finden, die zur Beschreibung des Stoßprozesses bei Geschwindigkeiten $v < v_o$ geeignet sind und somit zum Vergleich mit den experimentellen Ergebnissen dieser Arbeit herangezogen werden können. Allerdings soll die Geschwindigkeit so groß sein, daß die Trajektorie der Kernbewegung als geradlinig angesehen werden kann.

2.2.1 Das Landau-Zener-Modell und seine Erweiterung auf Systeme mit vielen Potentialkurvenkreuzungen

Das eigentliche Landau-Zener-Modell stellt eine Zweizustandsnäherung dar und ist bereits im Jahre 1932 von Landau [46], Zener [47] und Stückelberg [48] entwickelt worden. Kritische Analysen dieses Modells werden später vor allem von Bates [49] und Heinrichs [50] durchgeführt. Im Rahmen dieses Modells wird angenommen, daß Übergänge zwischen zwei Zuständen nur am Kreuzungspunkt der Potentialkurven bzw. einer Pseudokreuzung erfolgen können. Gibt p die Wahrscheinlichkeit an, daß beim Durchlaufen des Kopplungsbereiches ein Übergang zwischen den adiabatischen Zuständen erfolgt (bzw., daß das System auf den diabatischen Potentialkurven verbleibt) (siehe Fig. 1), so ergibt sich wegen des zweimaligen Durchlaufens des Kreuzungsbereiches beim Stoß für die gesamte Übergangswahrscheinlichkeit:

$$P = 2p(1-p). \qquad (2.27)$$

Zur Berechnung der Einzelwahrscheinlichkeit p wird das Gleichungssystem (2.13) für zwei Zustände (ψ_1, ψ_2) in diabatischer Darstellung gelöst. Die dabei gemachten Annahmen über die Linearität der diabatischen Potentialkurven sowie über den konstanten Wert des Kopplungselementes H_{12} im Übergangsbereich führen zu einer starken Einschränkung in der Anwendbarkeit dieses Modells. Die Lösung des Gleichungssystems liefert:

$$p = \exp\{-2\pi H_{12}^2/\hbar \cdot v_R \cdot |d(H_{11}-H_{22})/dR|_{R=R_k}\} =$$
$$\exp\{-\frac{v^*}{v_R}\}. \qquad (2.28)$$

Hierbei bedeutet v_R die radiale Geschwindigkeit am Kreuzungspunkt; für sie gilt in Abhängigkeit vom Stoßparameter ρ

$$v_R \approx v\{1 - \frac{H_{11}(R_k)}{E} - \frac{\rho^2}{R_k^2}\}^{1/2}. \qquad (2.29)$$

Für große Stoßgeschwindigkeiten geht die Wahrscheinlichkeit p → 1, für sehr langsame, adiabatische Stöße ist p = 0. Die Gesamtübergangswahrscheinlichkeit P (siehe Gl. 2.27) während eines Stoßes ist sowohl für hohe als auch für niedrige Geschwindigkeiten klein. Sie erreicht bei mittleren Geschwindigkeiten einen maximalen Wert von 0,5.

Zur Bestimmung des totalen Umladungsquerschnittes muß eine Integration über den wirksamen Stoßparameterbereich durchgeführt werden, d. h.

$$\sigma = 2\pi \int_0^{\rho_{max}} \rho \cdot P(\rho) d\rho = 4\pi \int_0^{\rho_{max}} \rho \cdot p(\rho)(1-p(\rho)) d\rho. \quad (2.30)$$

Die Integrationsgrenze ρ_{max} entspricht dem Stoßparameter, bei dem der kleinste Kernabstand während des Stoßes durch R_k gegeben ist; dies bedeutet

$$\rho_{max} = R_k (1 - (H_{11}(R_k)/E))^{1/2}. \quad (2.31)$$

Die Ausführung der Integration liefert für den Wirkungsquerschnitt

$$\sigma = 4\pi R_k^2 (1 - H_{11}(R_k)/E) \cdot G(\lambda), \quad (2.32)$$

wobei

$$G(\lambda) = \int_1^\infty x^{-3} \cdot e^{-\lambda x} (1 - e^{-\lambda x}) dx \quad (2.33)$$

und

$$\lambda = v^* / v \, (1 - H_{11}(R_k)/E)^{1/2}. \quad (2.34)$$

Die Lösungen des Integrals $G(\lambda)$ sind tabellierte Exponentialintegralfunktionen [51]; $G(\lambda)$ durchläuft bei $\lambda = 0{,}424$ ein Maximum mit einem Wert von $0{,}113$. Damit ergibt sich für $H_{11}(R_k) \ll E$ nach Gl. (2.32) ein maximaler Wirkungsquerschnitt von

$$\sigma^{max} = 0{,}452 \cdot \pi R_k^2. \quad (2.35)$$

Die maximale Größe des Wirkungsquerschnittes ist folglich durch die Lage des Kreuzungspunktes festgelegt, die Stoßgeschwindigkeit, bei welcher das Maximum des Wirkungsquerschnittes durchlaufen wird, ist durch die Bedingung $v^{max} \sim v^*/0{,}424$ definiert und hängt damit von H_{12} und der Form der diabatischen Potentialkurven am Kreuzungspunkt ab. In Fig. 3 sind für das System $A^{2+} + B \rightarrow A^+ + B^+$ typische Landau-Zener-Wirkungsquerschnitte in Abhängigkeit von der Stoßgeschwindigkeit dargestellt.

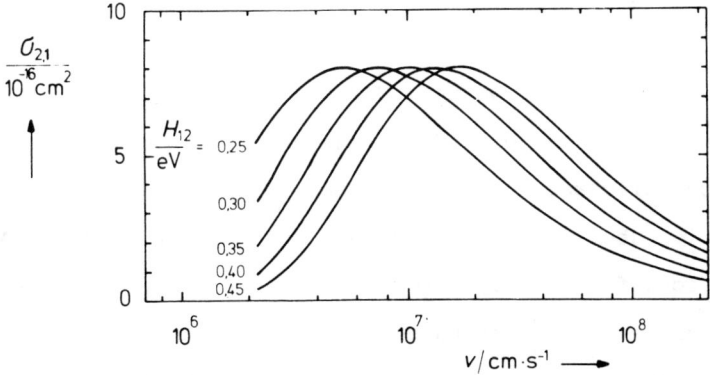

Fig. 3: Energieabhängigkeit des Landau-Zener-Wirkungsquerschnittes für $R_k = 4,5\ a_o$ und $H_{12} = (0,25 - 0,45)$ eV

Die Variation des Parameters H_{12} zeigt eine Verschiebung der LZ-Kurve zu niedrigen Geschwindigkeiten, wenn die Kopplung zwischen beiden Zuständen abgeschwächt wird.

Entsprechend diesem Modell sollten bei niedrigen Ladungszahlen z des Projektilions stark energieabhängige Wirkungsquerschnitte auftreten, insbesondere bei sehr niedrigen Stoßgeschwindigkeiten (siehe Fig. 3). Für $z \geq 3$ werden viele Kreuzungen im Potentialkurvenschema des Stoßsystems auftreten und eine Erweiterung dieses Modells erfordern. Allerdings wird wegen der starken Abhängigkeit des radialen Kopplungselementes (in adiabatischer Darstellung) bzw. der Austauschwechselwirkung (in diabatischer Darstellung) vom Kernabstand R die Anzahl der wirksamen Kreuzungen auf jene reduziert, die in einen mittleren Kernabstandsbereich hineinfallen. Ist der Abstand der Kreuzungspunkte genügend groß, so daß sich die einzelnen Kopplungsbereiche nicht überlappen, so kann die Gesamtwahrscheinlichkeit für die Besetzung eines Endzustandes als Summe über die Einzelwahrscheinlichkeit der möglichen Wege, die zu diesem Zustand führen, dargestellt werden. Hierbei wird die Übergangswahrscheinlichkeit an jedem Kreuzungspunkt durch die Landau-Zener-Wahrscheinlichkeit p_i (2.28) gegeben. Da bei dieser Methode eine Summation über Wahrscheinlichkeiten und nicht über die Amplituden durchgeführt wird, werden mögliche Interferenzeffekte zwischen den Ausgangskanälen vernachlässigt. Für ein System von 3 Zuständen, das zwei Kreuzungen aufweisen soll, sind die verschiedenen Reaktionswege in Fig. 4 dargestellt. Für die Gesamtübergangswahrscheinlichkeiten vom Zustand ψ_1 zu den

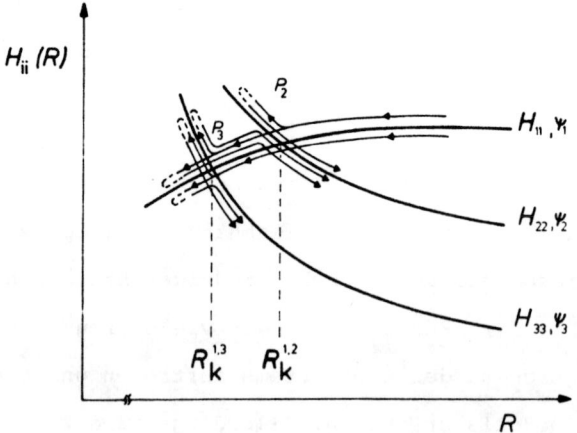

Fig. 4: Schematische Darstellung der möglichen Reaktionswege beim 3-Zustands-System

Zuständen ψ_2 und ψ_3 ergibt sich demnach:

$$P_{13} = 2\, p_2 \cdot p_3\, (1 - p_3)\ ,$$
$$P_{12} = p_2\, (1 - p_2)\, (1 + p_3^2 + (1 - p_3)^2).$$
(2.36)

Zusammen mit Gl. (2.30) ergeben sich hieraus Wirkungsquerschnitte für den Einfang in spezifische Endzustände, bzw. nach ihrer Summation der totale Umladungsquerschnitt. Dieses System läßt sich ohne Schwierigkeiten auf N Zustände erweitern; die entsprechenden Formeln für die Übergangswahrscheinlichkeiten sind in Ref. [52] angegeben.

Für Stöße von nackten Kernen mit Wasserstoff im Grundzustand sowie im metastabilen 2s-Zustand haben Salop und Olson [52] Wirkungsquerschnitte für den Elektroneneinfang mit diesem Modell berechnet. In Fig. 5 ist ein reduzierter Wirkungsquerschnitt

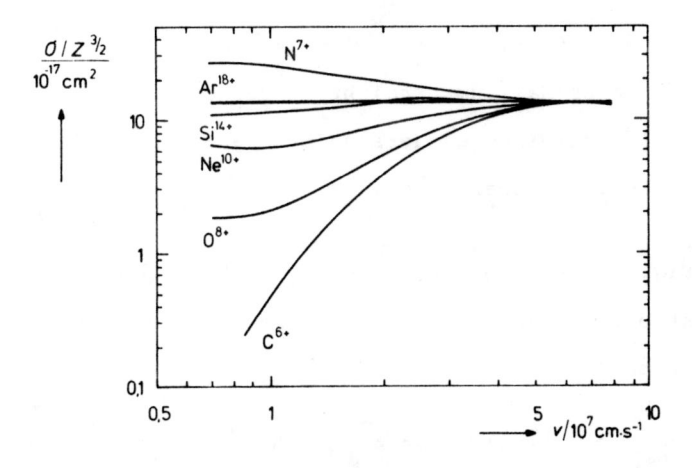

Fig. 5: Reduzierte Landau-Zener-Wirkungsquerschnitte für Stöße von nackten Kernen mit H(1s) [52]

($\sigma/z^{3/2}$) in Abhängigkeit von der Stoßgeschwindigkeit dargestellt. Für z=6 ist der Wirkungsquerschnitt stark energieabhängig und zeigt ein typisches Schwellenverhalten der Landau-Zener-2-Zustandsnäherung. Dies liegt daran, daß im wesentlichen nur eine Kopplung wirksam ist, die zu folgender Reaktion führt:

$$C^{6+} + H(1s) \rightarrow C^{5+} (n=4) + H^+ \ . \qquad (2.37)$$

Wird die Projektilladung erhöht, so wachsen die Wirkungsquerschnitte an und zeigen eine geringere Energieabhängigkeit. Die Rechnungen zeigen, daß bei höherem z mehrere Zustände mit unterschiedlichem n besetzt werden, was zu einer Ausschmierung der Energieabhängigkeit führt. Das System N^{7+} + H(1s) wird durch zwei "aktive" Kreuzungen charakterisiert, die dem Elektroneneinfang in die Zustände n=4 und n=5 des N^{6+}-Ions entsprechen. Da die Reaktion

$$N^{7+} + H(1s) \rightarrow N^{6+} (n=5) + H^+ \qquad (2.38)$$

schon bei sehr niedrigen Geschwindigkeiten (v ≃ 6x10^6 cm/s) ihr Landau-Zener-Maximum erreicht, liegt der stark energieabhängige Teil des Wirkungsquerschnittes außerhalb des betrachteten Geschwindigkeitsbereiches.

Wie in Fig. 5 zu sehen ist, kann der Wirkungsquerschnitt für den Elektroneneinfang für v $\geq$ 5x10^7 cm/s durch folgende Gleichung dargestellt werden:

$$\sigma \simeq 1{,}4 \times 10^{-16} \cdot z^{3/2} \ (cm^2) \ . \qquad (2.39)$$

Der Wirkungsquerschnitt wächst proportional zu $z^{3/2}$ mit der Projektilladung an.

Die betrachteten Systeme besitzen wegen ihres reinen Zweizentrencharakters ein hohes Maß an Symmetrie; dies führt dazu, daß selbst bei mittleren Projektilladungen nur wenige Kurvenkreuzungen zu einer effektiven Kopplung führen. Betrachten wir das allgemeinere System $A^{z+} + B$, das ein geringeres Maß an Symmetrie aufweist, so sollten bereits für $z \geq 4$ mehrere starke Kopplungen zu einem nahezu energieunabhängigen Wirkungsquerschnitt führen.

Die durchgeführte Betrachtung ist gültig im adiabatischen Bereich ($v \ll v_o$), andererseits muß die Stoßenergie stets groß sein gegenüber den Matrixelementen des Kopplungsoperators.

Die Schwächen dieses Modells liegen vor allem an der starken Lokalisierung des Übergangsbereiches sowie in der angenommenen konstanten Wechselwirkung in diesem Bereich. Die Berücksichtigung eines ausgedehnten Übergangsbereiches sowie die exponentielle Abnahme der Kopplung [53] führen zu einem größeren Wirkungsquerschnitt, dessen Maximum zu kleineren Geschwindigkeiten verschoben ist. Es werden dadurch vor allem Stöße mit $\rho \geq R_k$ berücksichtigt, die über den Tunneleffekt nennenswerte Beiträge zum Wirkungsquerschnitt liefern können.

2.2.2 Das Absorptionsmodell

Dieses Modell war ursprünglich von Olson [54] zur Berechnung der totalen Wirkungsquerschnitte für den Prozeß der Ionen-Ionen-Rekombination entwickelt worden. Später wurde es von Olson

und Salop [39] auf die Stöße von mehrfach geladenen Ionen
($z \geq 4$) mit Neutralteilchen angewandt. In seinen Grundlagen
entspricht es dem soeben beschriebenen Landau-Zener-Modell,
allerdings wird die große Anzahl von wechselwirkenden Zuständen nun durch die Einführung eines kritischen Kernabstandes R_c
berücksichtigt. Für Stoßparameter $\rho < R_c'$ soll die Reaktionswahrscheinlichkeit gleich 1 sein (vollkommene Absorption), für
$\rho > R_c$ soll kein Übergang erfolgen. Damit ergibt sich in einfacher Weise für den totalen Wirkungsquerschnitt:

$$\sigma = \pi R_c^2 \ . \tag{2.40}$$

Der kritische Kernabstand R_c ist abhängig von der Form der
Potentialkurven, der Lage der Kreuzungspunkte sowie dem Kopplungselement $H_{12}(R)$ bzw. $\Delta(R)$. In der Zweizustandsnäherung
des Landau-Zener-Modells war das Maximum des Wirkungsquerschnittes gegeben durch die Bedingung: $\lambda = 0{,}424$. Durch den Vergleich
mit einer großen Anzahl numerischer Rechnungen für Systeme mit
vielen Zuständen konnte Olson [54] zeigen, daß die Bedingung
$\lambda = 0{,}15$ geeigneter ist zur Bestimmung von R_c und damit entsprechend Gl. (2.40) für die Berechnung der Wirkungsquerschnitte.
Wird die in der Zweizustandsnäherung korrekte Bedingung $\lambda = 0{,}424$
verwendet, so ergeben sich Wirkungsquerschnitte, die um ~ 10 %
unter den numerisch berechneten Werten liegen.

Für die Auswertung der Bestimmungsgleichung von R_c müssen weitere Annahmen über die Größen $H_{12}(R_c)$ sowie über die Differenz
der Steigungen der diabatischen Potentialkurven $\left| d(H_{11}-H_{22})/dR \right|_{R=R_c}$
gemacht werden (vergleiche Gl. (2.28) und Gl. (2.34)). Es ist
daher verständlich, daß das Absorptionsmodell nur dann sinnvolle

Werte für den Wirkungsquerschnitt liefern kann, wenn im betrachteten System auch tatsächlich viele Kurvenkreuzungen bei $R=R_c$ vorliegen. Wird für $H_{12}(R_c)$ der Ausdruck (2.20) benutzt und beschreibt man näherungsweise $\left|d(H_{11}-H_{22})/dR\right|_{R=R_c}$ durch $(z-1)\cdot e^2/4\pi\varepsilon_o R_c^2$, so erhält man folgende Bestimmungsgleichung für R_c [39]:

$$R_c^2 \cdot e^{-2,648\cdot\gamma\cdot R_c/a_o\cdot z^{1/2}} = 2,864\cdot 10^{-4}\cdot z(z-1)\cdot\frac{v}{v_o}\cdot\frac{a_o^2}{q},$$

(2.41)

mit $\gamma = (I_B(T)/13,6\text{ eV})^{1/2}$; a_o ist der 1. Bohrsche Radius, v_o die Geschwindigkeit des Elektrons auf der 1. Bohrschen Bahn; q ist der Franck-Condon-Faktor, der den Übergang in einem molekularen Target beschreibt.

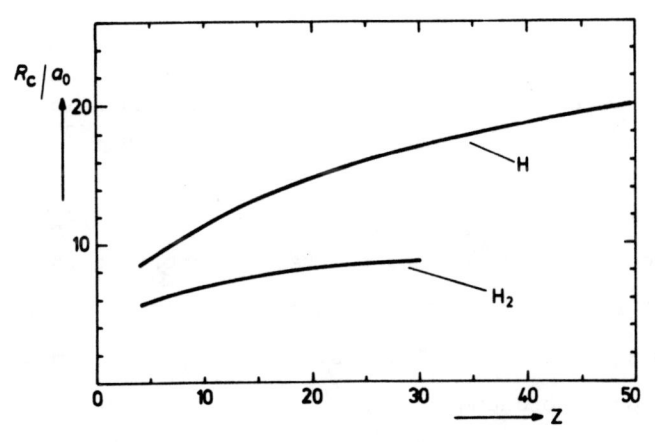

Fig. 6: Kritischer Kernabstand R_c in Abhängigkeit von z für ein atomares und molekulares Wasserstofftarget [39], $v=7\times 10^7$ cm/s

Eine Auswertung dieser Gleichung zeigt, daß R_c und damit der Wirkungsquerschnitt σ nur wenig von der Geschwindigkeit v abhängt. Für ein molekulares H_2-Target fällt der Wirkungsquerschnitt bei Erhöhung der Stoßgeschwindigkeit von 5×10^7 cm/s auf 1×10^8 cm/s lediglich um ~ 25 %. In Fig. 6 und Fig. 7 sind R_c und σ in Abhängigkeit von der Projektilladung z für ein atomares und molekulares Wasserstofftarget bei der Geschwindigkeit von $v = 7 \times 10^7$ cm/s dargestellt.

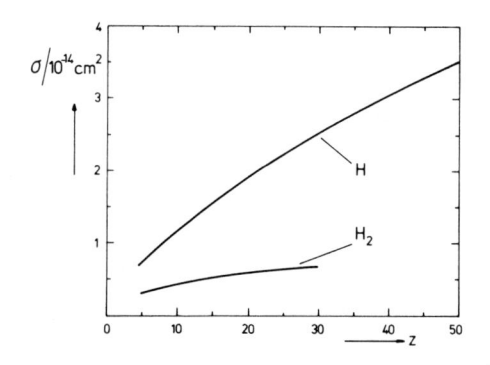

Fig. 7: Elektroneneinfangquerschnitt in Abhängigkeit von der Ladungszahl z [39] ($v = 7 \times 10^7$ cm/s)

Wie Fig. 6 zu entnehmen ist, ist für das atomare Target der Elektroneneinfang bereits bei relativ großen Kernabständen möglich; für z=7 und z=50 ergeben sich kritische Kopplungsbereiche bei 10 a_o bzw. 20 a_o. Damit sind für z ≥ 10 Wirkungsquerschnitte in der Größenordnung von 10^{-14} cm^2 zu erwarten.

Der Wirkungsquerschnitt nimmt in diesem Modell ungefähr linear mit der Ladungszahl z zu, insbesondere wenn höhere Ladungszahlen betrachtet werden.

Bei der Berechnung der Wirkungsquerschnitte für das molekulare Target muß eine geeignete Mittelung über die verschiedenen Franck-Condon-Faktoren sowie die unterschiedlichen Ionisierungs-

energien durchgeführt werden. Eine genauere Analyse zeigt,
daß das H_2^+-Molekülion vor allem in den Schwingungszuständen
$v' = 1 - 4$ gebildet wird, wobei für das H_2-Target der Schwingungszustand $v = o$ angenommen wird.

Ein Vergleich der Wirkungsquerschnitte im atomaren und molekularen Target zeigt, daß vor allem für $z \geq 10$ die kritischen Kernabstände im atomaren Fall größer sind als jene im molekularen Target. Dies rührt von zwei Faktoren her, die zu einer Verringerung der Kopplungsstärke führen. Zum einen ist das Elektron im H_2-Molekül fester gebunden als im Wasserstoffatom, zum anderen müssen im Matrixelement des Kopplungsoperators die Franck-Condon-Faktoren berücksichtigt werden (siehe Gl. (2.20)). Daher kann der Elektroneneinfang im molekularen Target nicht bei solch großen Kernabständen erfolgen wie in atomarem Wasserstoff. In Fig. 8 sind die Wirkungsquerschnitte in Abhängigkeit von der reziproken Bindungsenergie des Elektrons im Target dargestellt. Wie zu erwarten nehmen die Wirkungsquerschnitte mit zunehmender Ionisierungsenergie des Targets ab, da dadurch die Kopplung abgeschwächt wird. Es ergibt sich folgende Abhängigkeit von der Bindungsenergie: $\sigma \sim 1/I_B$. Im Falle der Vielelektronentargets muß beachtet werden, daß neben dem Einelektroneneinfangprozeß auch ein gleichzeitiger Wechsel mehrerer Elektronen mit nennenswerter Wahrscheinlichkeit möglich ist. Im Rahmen des Absorptionsmodells kann zwischen den verschiedenen Prozessen nicht unterschieden werden, vielmehr müssen die berechneten Querschnittswerte mit der Summe der Wirkungsquerschnitte für sämtliche Elektronenverlustprozesse verglichen werden. Im allgemeinen sind je-

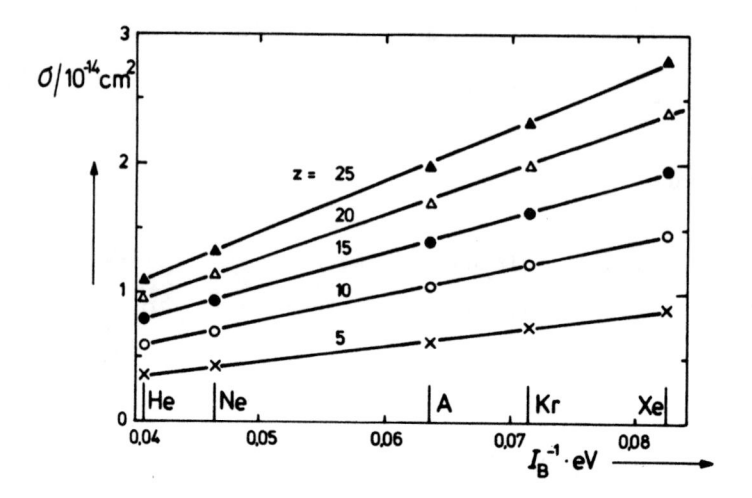

Fig. 8: Wirkungsquerschnitt in Abhängigkeit von der reziproken Bindungsenergie bei $v=5,4\times10^7$ cm/s

doch die Mehrelektronentransferprozesse unwahrscheinlicher, da die entsprechenden Kopplungselemente kleiner sind und die Übergänge folglich eine größere Annäherung beider Stoßpartner erfordern.

Das Absorptionsmodell ist anwendbar in den Parameterbereichen $z \geq 4$ und $v \leq 1 \times 10^8$ cm/s. Diese Einschränkung liegt vor allem an der Forderung, daß viele Kurvenkreuzungen im Bereich $R=R_c$ vorhanden sind, sowie der für den Landau-Zener-Formalismus notwendigen nahezu adiabatischen Bewegung ($v<v_o$). Im Falle niedriger z-Werte ist die Zahl der effektiven Kurvenkreuzungen beschränkt und das Absorptionsmodell gibt einen maximalen Wirkungsquerschnitt (obere Grenze) für den Umladungsprozeß. Günstiger werden die Verhältnisse, wenn molekulare Targets verwendet werden, da nun neben dem Einfang in verschiedene Anregungszustände des Projektilions auch gleichzeitig unterschiedliche,

schwingungsangeregte Zustände des Targetions gebildet werden können.

Obwohl das Absorptionsmodell - entsprechend dem Landau-Zener-Formalismus - im wesentlichen auf dem radialen Kopplungsmechanismus basiert, sind bei der Berechnung der Wirkungsquerschnitte auch implizit Beiträge vom Rotationskopplungsmechanismus enthalten, da für R<R_c die Übergangswahrscheinlichkeit gleich 1 gesetzt wurde. Nach dem Zweizustandsmodell ist bei radialer Kopplung die maximale Übergangswahrscheinlichkeit gleich 0.5.

2.2.3 Das Tunnel- oder Zerfallsmodell

Für $z \geq 4$ kann wegen der hohen Dichte der möglichen Endzustände das Energiespektrum im Ausgangskanal als Quasikontinuum angesehen werden. Der Elektroneneinfang kann daher als Tunnelprozeß des Elektrons durch die Potentialbarriere zwischen dem hoch geladenen Projektil und dem Targetatom beschrieben werden. Die Tunnelwahrscheinlichkeit wird um so größer sein, je stärker die Potentialbarriere durch das Projektil abgesenkt wird, d. h. je größer z ist und je weiter sich beide Teilchen beim Stoß annähern. In diesem Modell wird der Elektroneneinfangprozeß als Folge der Störung der atomaren Zustände durch das Coulombfeld des hochgeladenen Ions betrachtet. Er entspricht somit dem Prozeß der Ionisation eines Atoms in einem starken elektrischen Feld [55,56].

Dieses Modell wurde erstmals von Radtsig und Smirnov [57] bei der theoretischen Behandlung von Ionen-Ionen-Rekombinationsprozessen entwickelt und in letzter Zeit von Chibisov [58] und Grozdanov and Janev [59] auf die Umladung mehrfach geladener Ionen angewandt. Während in der Beschreibung von Chibisov das Coulombfeld des Ions am Orte des Targetatoms als homogen und konstant betrachtet wird, berücksichtigen Janev und Grozdanov den inhomogenen Charakter des Coulombfeldes, wodurch die Anwendung ihres Modells in einem größeren Parameterbereich (z, I_B) möglich wird.

Zur Bestimmung der Tunnelwahrscheinlichkeit wird in Ref. [59] zunächst das Energiespektrum der quasistationären Zustände eines wasserstoffähnlichen, atomaren Systems im Coulombfeld eines hochgeladenen Ions berechnet. Die Energieeigenwerte der stationären atomaren Zustände (ohne äußeres Feld) werden beim Stoß durch das Coulombfeld des Ions einerseits verschoben zum anderen wegen der herabgesetzten Lebensdauer der Zustände verbreitert. Diese Tatsache wird durch die komplexen Energien der quasistationären Zustände beschrieben; der imaginäre Anteil bestimmt die Breite des Niveaus und damit die Elektronenübergangswahrscheinlichkeit pro Zeiteinheit. Im folgenden soll der Lösungsweg kurz skizziert werden (ausführliche Beschreibung siehe Ref. [59]). Ausgangspunkt für die Bestimmung der Energiewerte der quasistationären Zustände ist die zeitunabhängige Schrödingergleichung $H\Psi = E\Psi$, wobei für das Zweizentrensystem $(Z_1 + (Z_2 + e))$ folgender Hamiltonoperator benutzt wird:

$$H = -\frac{\hbar^2}{2m_e}\vec{\nabla}^2 - \frac{z_1 \cdot e^2}{4\pi\epsilon_o r_1} - \frac{z_2 \cdot e^2}{4\pi\epsilon_o \cdot r_2} \quad ; \qquad (2.42)$$

Hierbei sind r_1 und r_2 die Abstände des Elektrons von beiden Coulombzentren Z_1 (nackter Projektilkern) und Z_2 (Target) (siehe Fig. 9). Da der Elektroneneinfang vornehmlich bei großen

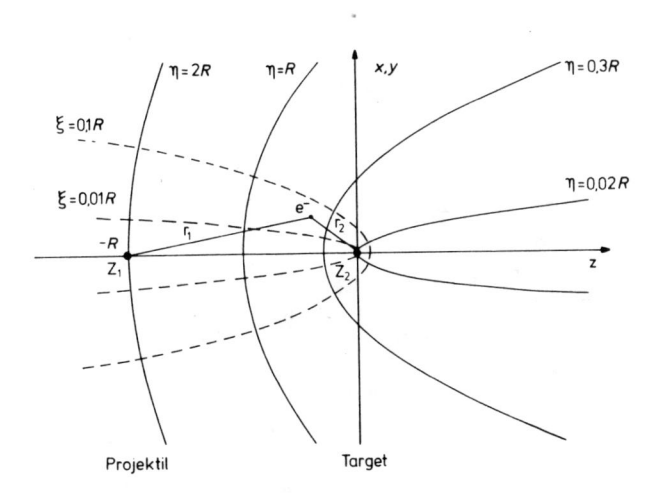

Fig. 9: Koordinatensystem zur Beschreibung des Zweizentrensystems. Parabolische Koordinaten:
$\eta = r - z$, $\xi = r + z$, $\phi = \arctan(y/x)$

Abständen erfolgt, muß die Schrödingergleichung lediglich für einen schmalen zylindrischen Bereich um die Kernverbindungsachse sowie für die nähere Umgebung des Targetatomkerns Z_2 gelöst werden. In diesen Bereichen ist eine Separation der Schrödingergleichung in parabolischen Koordinaten (ξ, η, ϕ) möglich, wobei die Wellenfunktion als Produkt einzelner Wellenfunktionen dargestellt wird, die jeweils nur von einer parabolischen Koordinate abhängen:

$$\psi = X(\xi) \cdot Y(\eta) \cdot \exp(\pm im\phi) / (2\pi\xi\eta)^{1/2} . \qquad (2.43)$$

Für den Bereich in ummittelbarer Umgebung des Kernes Z_2 ($r_2 \ll R$) beschreibt die Schrödingergleichung das Problem des Stark-Effektes eines wasserstoffähnlichen Systems in einem äußeren, homogenen elektrischen Feld. Eine iterative Lösung der Bestimmungsgleichungen für $X(\xi)$ sowie $Y(\eta)$ mit Randbedingungen, die den Tunneleffekt vernächlässigen, liefert für die Energieeigenwerte:

$$E = E_{os} + \Delta E_s \quad , \text{mit} \tag{2.44}$$

$$E_{os} = -\frac{m_e \cdot Z_2^2 \cdot e^4}{2(4\pi\varepsilon_o)^2 \hbar^2 \cdot n^2} \quad ; \quad \Delta E_s = -\frac{Z_1 \cdot e^2}{4\pi\varepsilon_o \cdot R} + \frac{3}{2}n(n_1 - n_2)$$

$$\cdot \frac{Z_1 \cdot \hbar^2}{Z_2 m_e R^2} + O(\frac{Z_1}{R^3}) \quad . \tag{2.45}$$

Hierbei ist n die Hauptquantenzahl, $n = n_1 + n_2 + m + 1$; n_1, n_2, m sind die parabolischen Quantenzahlen. ΔE_s beschreibt die Verschiebung des ungestörten Energieniveaus E_{os} durch das Coulombfeld der Ladung Z_1.

Zur Bestimmung des quasistationären Energiespektrums muß die Schrödingergleichung in dem zylindrischen Bereich gelöst werden, der durch folgende Ungleichungen definiert ist [59]: $\xi \ll \eta < 2R$; $(\xi \cdot \eta)^{1/2} \ll R$ (siehe Fig. 9). Da sich beim Stoß die Potentialbarriere zwischen dem Ion und dem Atom in der η-Richtung aufbaut, entspricht das Tunneln des Elektrons durch diese Barriere der Forderung, daß $Y(\eta)$ für $\eta > \eta_1$ durch eine auslaufende Welle dargestellt werden soll. η_1 ist hierbei der Umkehrpunkt in der Bestimmungsgleichung für $Y(\eta)$.

Mit dieser Randbedingung führt die Lösung der Differentialgleichung für $Y(\eta)$ zu einer komplexen Separationskonstanten und damit zu einer komplexen Energie E:

$$E = E_{os} + \Delta E_s - \frac{i\hbar}{2} \cdot \Gamma_{n_1,n_2,m}(R) \; . \quad (2.46)$$

Die Verbreiterung $\Gamma_{n_1,n_2,m}(R)$ des Energieniveaus beschreibt den Zerfall des quasistationären Zustandes im Feld der Ladung Z_1. In Ref. [59] wird Γ sowohl für parabolische Koordinaten als auch in der normalen Drehimpulsdarstellung mit den Quantenzahlen n,l,m angegeben und auf das allgemeine Stoßsystem $A^{z+}+B$ erweitert ($Z_1 \rightarrow z$; $Z_2=1$). Γ ist eine Funktion von R, z sowie den Quantenzahlen des atomaren Zustandes. Die Wahrscheinlichkeit, daß der atomare Zustand während des Stoßes zerfällt, d. h. das Elektron durch die Barriere hindurchtunnelt und im starken Feld des hochgeladenen Projektils eingefangen bleibt, ist gegeben durch

$$P = 1 - \exp\left[-\int_{-\infty}^{+\infty} \Gamma(R(t)) \cdot dt \right] \; . \quad (2.47)$$

Damit ergibt sich für den Elektroneneinfangquerschnitt:

$$\sigma = 2\pi \int_0^\infty \rho \left[1 - \exp\left\{-2 \int_\rho^\infty \frac{\Gamma(R) \cdot R \, dR}{v(R^2-\rho^2)^{1/2}}\right\} \right] d\rho .$$

$$(2.48)$$

Eine Analyse dieser Gleichung unter Verwendung der berechneten $\Gamma(R)$-Werte zeigt, daß der Wirkungsquerschnitt nur wenig von der Relativgeschwindigkeit abhängt und im Bereich großer z-Werte ungefähr linear mit der Ladungszahl anwächst. Dieses Modell liefert folgende Abhängigkeiten von den Parametern v und Z:

$$\sigma \sim z \cdot \ln z \; ; \quad \sigma \sim a - b \cdot \ln(v/v_o) \; . \quad (2.49)$$

Hierbei sind die Konstanten a und b abhängig von der Ladungszahl z und den atomaren Parametern. Ähnlich wie im zuvor beschriebenen Absorptionsmodell sind die Aussagen (2.49) nur gültig im Bereich z >> 1, da nur dort die Annahme von quasikontinuierlichen Endzuständen gerechtfertigt ist. Bezüglich der Stoßgeschwindigkeit ist das Modell auf den adiabatischen Bereich beschränkt, da die Übergangswahrscheinlichkeit aus der Lösung des entsprechenden stationären Systems gewonnen wurde.

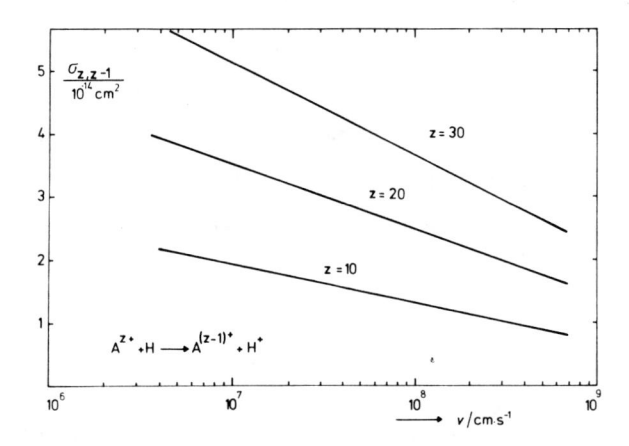

Fig.: 10 Energieabhängigkeit des Umladungsquerschnittes für das System $A^{z+} + H(1s) \rightarrow A^{(z-1)+} + H^+$ [59]

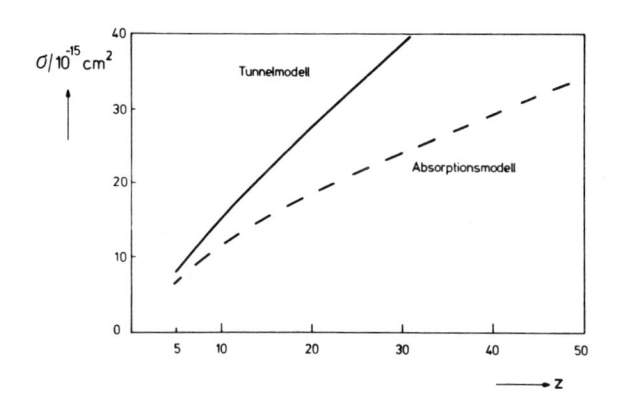

Fig. 11: z-Abhängigkeit des Umladungsquerschnittes nach dem Tunnelmodell (——) [59] und dem Absorptionsmodell (- - -) [39] ($v=7\times 10^7$ cm/s)

In Fig. 10 und Fig. 11 sind für das System $A^{z+} + H(1s) \rightarrow A^{(z-1)+} + H^+$ die Wirkungsquerschnitte in Abhängigkeit von der Ladungszahl und von der Stoßgeschwindigkeit dargestellt. Insbesondere für hoch geladene Projektile liefert das Tunnelmodell größere Wirkungsquerschnitte als das Absorptionsmodell.

In Ref. [60] und Ref. [61] sind entsprechende Rechnungen für eine größere Zahl atomarer und molekularer Targets durchgeführt worden.

2.2.4 Das Modell der klassisch erlaubten Übergänge

Ist die Ladung der Projektilionen sehr groß bzw. der Abstand der beiden wechselwirkenden Teilchen sehr klein, so kann die Potentialbarriere stärker abgesenkt werden als das ursprüng-

liche Niveau im atomaren System. Dies führt dazu, daß sich
das Elektron frei im gemeinsamen Potential von Ion und Atom
bewegen kann. Wegen der höheren Ladung des Projektilions wird
es sich vor allem in der Nähe der Ladung z aufhalten, so daß
nach dem Auseinanderlaufen beider Stoßpartner die Wahrscheinlichkeit groß ist, das Elektron beim Projektilion zu finden.
Der Umladungsprozeß erfolgt in diesem Modell entlang einer
klassisch erlaubten Bahn über den Potentialberg zwischen Ion
und Atom [62]. Bezeichnen wir mit R_o den Kernabstand, bei dem
der Übergang des Elektrons gerade klassisch möglich wird und
vernachlässigen wir eine mögliche Rückkehr des Elektrons zum
Targetatom, so gilt für den klassischen Wirkungsquerschnitt
die einfache Beziehung:

$$\sigma_{kl} = \pi R_o^2 \ . \qquad (2.50)$$

Zur Berechnung von R_o betrachten wir den Potentialverlauf beim
Stoß eines nackten Kerns der Ladung Z_1 mit einem Wasserstoffatom.

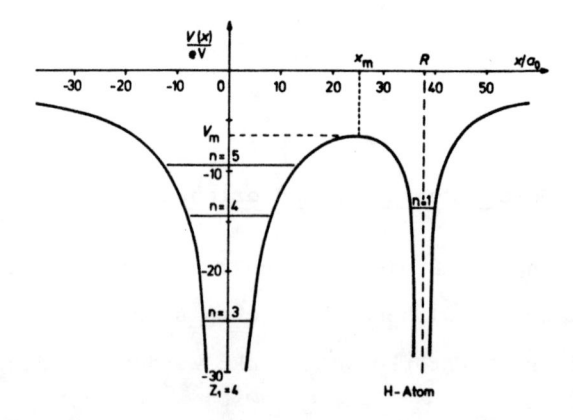

Fig. 12: Schematischer Potentialverlauf beim Stoß eines
Kerns (der Ladung Z_1) mit einem H-Atom

Die potentielle Energie V(x) (entlang der Kernverbindungsachse), die in Fig. 12 dargestellt ist, kann für o<x<R folgendermaßen beschrieben werden:

$$V(x) = - \frac{z_1 e^2}{4\pi\varepsilon_o x} - \frac{e^2}{4\pi\varepsilon_o (R-x)} \quad . \quad (2.51)$$

Die Potentialbarriere erreicht bei $x=x_m$ einen Sattelpunkt mit dem Wert

$$V_m (x=x_m) = - \frac{e^2}{4\pi\varepsilon_o R} (1 + z_1^{1/2})^2 \quad ; \quad (2.52)$$

Hierbei genügt x_m folgender Beziehung:

$$x_m = R / (1 + z_1^{-1/2}) \quad . \quad (2.53)$$

Aus der Forderung, daß V_m mit der energetischen Lage des gestörten Niveaus im H-Atom übereinstimmt, wird R_o berechnet. Dies führt zu folgender Bestimmungsgleichung für R_o:

$$- \frac{e^2}{(4\pi\varepsilon_o) R_o} (1 + z_1^{1/2})^2 = - \frac{e^4 \cdot m_e}{2(4\pi\varepsilon_o \hbar)^2 n^2} - \frac{z_1 e^2}{(4\pi\varepsilon_o) \cdot R_o} \quad .$$

$$(2.54)$$

Der erste Term auf der rechten Seite dieser Gleichung gibt die Bindungsenergie im Zustand n des Wasserstoffatoms an, der zweite Term berücksichtigt die Störung durch den Kern mit der Ladung Z_1. Die Auflösung dieser Gleichung nach R_o und Substitution in Gl. (2.50) ergibt für den Wirkungsquerschnitt (Z_1>>1):

$$\sigma_{kl} \simeq 16 \pi \cdot z_1 \frac{(4\pi\varepsilon_o)^2 \hbar^4 n^4}{m_e^2 e^4} \sim z_1 / I_B^2 \quad . \quad (2.55)$$

Die klassische Betrachtungsweise liefert somit eine lineare Abhängigkeit des Wirkungsquerschnittes von der Ladung Z_1 und eine quadratische Abhängigkeit von der reziproken Bindungsenergie I_B. (Wird der nackte Kern durch ein teilweise ionisiertes Atom ersetzt, so muß anstelle von Z_1 eine effektive Ionenladung Z_{eff} verwendet werden.)

Dieses klassische Modell ist von Ryufuku et al. [63] in veränderter Form für den niederenergetischen Stoßbereich ($E \leq 10$ keV/u) untersucht worden. Da bei langsamen Geschwindigkeiten der Elektroneneinfang im wesentlichen durch die Potentialkurvenkreuzungen bestimmt wird, tritt in dieser Näherung neben die Forderung nach der klassisch erlaubten Bahn die Bedingung, daß der Prozeß beim Übergang energieresonant ablaufen soll. Im Gegensatz zum Tunnelmodell wird kein "Quasikontinuum" für die Endzustände angenommen. Befindet sich das Wasserstoffatom im Grundzustand und bezeichnet n die Hauptquantenzahl des Ionenzustandes, in den das Elektron eingefangen werden kann, so lassen sich beide Forderungen folgendermaßen formulieren:

$$-\frac{Z_1^2 e^4 m_e}{2(4\pi\varepsilon_o)^2 \hbar^2 n^2} - \frac{e^2}{(4\pi\varepsilon_o)\cdot R} = -\frac{e^4 m_e}{2(4\pi\varepsilon_o \hbar)^2} - \frac{Z_1 e^2}{(4\pi\varepsilon_o) R} ,$$

(2.56)

$$-\frac{e^4 m_e}{2(4\pi\varepsilon_o \hbar)^2} - \frac{Z_1 e^2}{4\pi\varepsilon_o \cdot R} \geq -\frac{e^2}{(4\pi\varepsilon_o) R} \cdot (1+Z_1^{1/2})^2$$

(2.57)

Die linke Seite in Gl. (2.56) beschreibt näherungsweise das gestörte Niveau des Projektils, die rechte Seite das abgesenkte

Niveau des Wasserstoffatoms. Die Lösung R_n dieser Gleichung gibt die Lage des Kreuzungspunktes der beiden diabatischen Potentialkurven wieder. Für R_n gilt:

$$R_n = \frac{8\pi\varepsilon_o \cdot \hbar^2}{e^2 \cdot m_e} \cdot \frac{(Z_1-1)}{((Z_1^2/n^2)-1)} = 2\,a_o \frac{(Z_1-1)}{((Z_1^2/n^2)-1)} \cdot \quad (2.58)$$

Wie zu erwarten, nimmt der Kreuzungsradius mit wachsendem n zu, bis bei $n \geq Z_1$ die Reaktion endotherm ohne äußeren Kreuzungspunkt abläuft.

Aus Gl. (2.56) und (2.57) läßt sich für die Hauptquantenzahl n ein maximaler Wert n_{max} ableiten; beide Gleichungen sind gleichzeitig erfüllbar für

$$n \leq n_{max} = [\,\{(2Z_1^{1/2}+1)/(Z_1+2Z_1^{1/2})\}^{1/2} \cdot Z_1\,]; \quad (2.59)$$

hierbei soll [x] die größte ganze Zahl sein, die kleiner oder gleich x ist.

In Fig. 13 sind die Potentialverhältnisse für $Z_1 = 4$ und 6 für verschiedene Kernabstände dargestellt. Bei der Annäherung beider Stoßpartner werden der 1s-Zustand des H-Atoms sowie die angeregten Zustände des Projektilions abgesenkt, außerdem wird die Höhe und Breite der Potentialbarriere stark reduziert. Für $Z_1 = 4$ wird der Elektronenübergang bei $R = 10\,a_o$ klassisch erlaubt und führt zum Einfang in den Zustand mit $n_{max} = 3$. Wir die Projektilladung erhöht, so werden vor allem die Ionenzustände stark abgesenkt, wodurch bei $Z_1 = 6$ der Einfang in den Zustand mit $n_{max} = 4$ möglich wird.

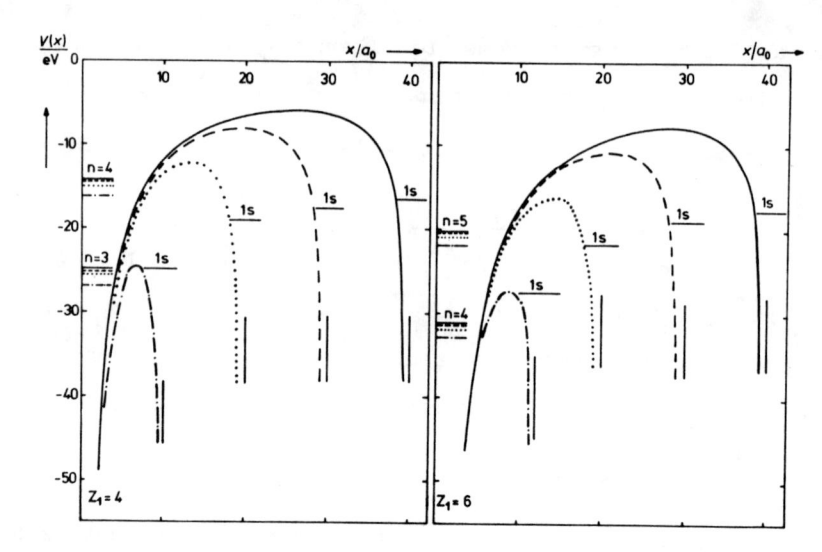

Fig. 13: Potentielle Energie eines Elektrons im Feld zweier Coulombzentren ($Z_1 = 4,6$ und $Z_2 = 1$) bei verschiedenen Kernabständen. ($R = 40\ a_o$, $30\ a_o$, $20\ a_o$, $10\ a_o$ bzw. $12\ a_o$)

Aus den gewonnenen Beziehungen läßt sich einerseits schließen, daß $n_{max} \leq Z_1$ gelten muß, zum anderen ergibt sich in diesem klassischen Bild ein maximaler Kernabstand für den Elektroneneinfangprozeß:

$$R_{max} = \frac{8\pi\varepsilon_o \cdot \hbar^2}{e^2 m_e} \cdot \frac{(Z_1-1)}{((Z_1^2/n_{max}^2)-1)} = 2\ a_o \frac{(Z_1-1)}{(Z_1^2/n_{max}^2)-1} .$$

(2.60)

Für eine angenommene Elektroneneinfangswahrscheinlichkeit von 0.5 ergibt sich damit für den klassischen Wirkungsquerschnitt:

$$\sigma_{kl} = \frac{1}{2}\pi R_{max}^2 = 2\pi\ a_o^2 \cdot \left\{ \frac{(Z_1-1)}{((Z_1^2/n_{max}^2) - 1)} \right\}^2 . \quad (2.61)$$

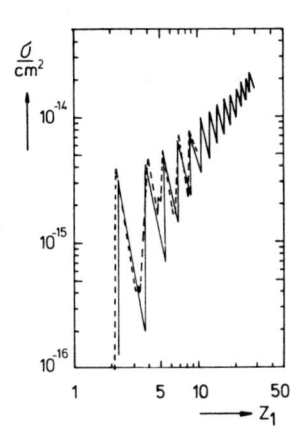

Fig. 14: Umladungsquerschnitt in atomarem Wasserstoff in Abhängigkeit von der Ladung Z_1 des nackten Projektilkerns.
——— klassisches Modell; - - - UDWA-Theorie [63]
(Beim Projektil A^{z+}: $Z_1 \to Z_{eff}$)

In Fig. 14 ist der Wirkungsquerschnitt in Abhängigkeit von der Ladungszahl Z_1 dargestellt. Das oszillatorische Verhalten des Wirkungsquerschnittes beruht im wesentlichen auf der Tatsache, daß die Zustände im Projektilion quantisiert und energetisch getrennt sind. Wird Z_1 kontinuierlich verändert, so kann n_{max} dieser Änderung nur unstetig folgen. Sei n_{max} vorgegeben, so wird bei Erhöhung der Ladungszahl der Kreuzungsradius und damit der Wirkungsquerschnitt solange abnehmen, bis ein höherer Wert von n_{max} nach Gl. (2.59) möglich wird. Dies ist mit einem starken Anstieg im Wirkungsquerschnitt verbunden.

Zum Vergleich sind in Fig. 14 auch Ergebnisse einer "close coupling" Rechnung von Ryufuku und Watanabe [64, 65] mit einbezogen worden. Die sogenannte UDWA-Theorie (Unitarized distorted wave approximation), die im nächsten Abschnitt kurz besprochen werden soll, zeigt eine erstaunlich gute Übereinstimmung sowohl hinsichtlich der Größe als auch der Lage der vorhergesagten Oszillationen. Wird die Stoßenergie erhöht ($E \geq 25$ keV/u), so zeigt die quantenmechanische Rechnung eine Ausdämpfung der Oszillationen, da nun Zustände mit verschiedenen Hauptquantenzahlen n besetzt werden. Die starken Strukturen in der Z_1-Abhängigkeit der Wirkungsquerschnitte sollten demnach insbesondere bei sehr niedrigen Stoßgeschwindigkeiten auftreten.

Werden Projektile betrachtet, die über einen restlichen Elektronenrumpf verfügen, so wird die Kernladung Z_1 durch eine effektive Ladungszahl ersetzt, die ihrerseits aus spektroskopischen Daten gewonnen werden muß. Für höhere Ladungszahlen z sollte z_{eff} mit der tatsächlichen Ionenladung übereinstimmen.

2.2.5 Überblick über weitere Theorien

In diesem Abschnitt soll ein kurzer Überblick über weitere Modelle gegeben werden, die jedoch zum direkten Vergleich mit den eigenen experimentellen Ergebnissen nicht herangezogen werden. Die Schwierigkeit bei einer Anwendung liegt einerseits daran, daß der mathematische Aufwand bei der Beschreibung komplexer Systeme (A^{z+} + B) im Rahmen dieser Modelle stark anwächst, zum anderen lassen die Näherungen, die in einigen Theorien gemacht werden, nur eine Anwendung im Bereich mittlerer und hoher Stoßgeschwindigkeiten zu.

Um eine möglichst exakte Beschreibung des Elektroneneinfangprozesses zu erreichen, müssen die zeitabhängige Schrödingergleichung für das betrachtete System und die daraus resultierenden gekoppelten Gleichungen gelöst werden. Hierbei wird die Elektronenwellenfunktion nach einer vollständigen Basis von Wellenfunktionen stationärer Zustände entwickelt. Im vorliegenden Geschwindigkeitsbereich ist es möglich, die Kernbewegung in halbklassischer Näherung (siehe Abschnitt 2.1.2) als äußeren Parameter zu betrachten, so daß sich das Problem auf die numerische Lösung des gekoppelten Gleichungssystems (2.13) reduziert. Entsprechende mathematische Behandlungen werden unter der Bezeichnung "close coupling"-Rechnungen zusammengefaßt, wobei zu unterscheiden ist, ob molekulare oder atomare Wellenfunktionen in der Entwicklung der Gesamtwellenfunktion benutzt werden.

Wir wollen zunächst den molekularen, adiabatischen Fall betrachten. Handelt es sich um ein Stoßsystem mit nur einem Elektron, so können als Basisfunktionen die Lösungen des Zweizentrenproblems verwendet werden [66]; dies ist auch dann näherungsweise möglich, wenn das Projektil nur fest gebundene Elektronen in abgeschlossenen Schalen besitzt. Wesentlich schwieriger ist die Festlegung der molekularen Basis, wenn ein Vielelektronensystem (A^{z+} + B) betrachtet wird; hier können die Basisfunktionen durch eine Linearkombination atomarer Orbitale gewonnen werden [67]. Molekulare Rechnungen wurden bisher am häufigsten für die Umladung nackter Kerne in atomarem Wasserstoff durchgeführt [68-70], wobei die Kopplung von maximal 11 Zuständen berücksichtigt wurde. Eine Erweiterung auf Systeme mit 3 Elektronen (B^{3+}, C^{4+} + H) wurde in Ref. [70,71] vorgenommen. Die numerischen Rechnungen zeigen, daß im Einelektronensystem die radiale Kopplung zwischen den Molekülzuständen der entscheidende Reaktionsmechanismus ist; insbesondere nimmt bei höheren Ladungszahlen die relative Bedeutung der Rotations-

kopplung ab. Die Anzahl der radialen Kopplungsbereiche ist
jedoch wegen der hohen Symmetrie der untersuchen Systeme begrenzt, so daß die Wirkungsquerschnitte bei niedrigen Projektilladungen eine starke Energieabhängigkeit aufweisen.

Die numerischen Rechnungen, die im Geschwindigkeitsbereich
$v<v_o$ gute Resultate liefern, zeigen, daß für $v \approx v_o$ die Wahl
des Koordinatenursprungs einen erheblichen Einfluß auf die
Größe des berechneten Wirkungsquerschnittes hat. Dies liegt
an der Tatsache, daß in diesem Bereich der Impulsübertrag durch
das Elektron berücksichtigt werden muß. Besteht die Basis aus
atomaren Wellenfunktionen, so können diese in einfacher Weise
mit den sogenannten "Translationsfaktoren" ($e^{i\, m_e \vec{v} \cdot \vec{r}/\hbar}$) multi-
pliziert werden. Allerdings muß nun die Nicht-Orthogonalität
der Wellenfunktionen, die den Anfangs- und Endzustand beschreiben, in Kauf genommen werden. Entsprechende mathematische Behandlungen wurden einerseits von Ryufuku und Watanabe [64,65,72]
für das Einelektronensystem, andererseits von Presnyakov und
Ulantsev [73] für das allgemeine System A^{z+} - B durchgeführt.

Zur Beschreibung des Einelektronensystems verwenden Ryufuku
und Watanabe [72] sich bewegende atomare Orbitale in folgender
Form:

$$\psi_k^{Z_1}(\vec{r},t) = \psi_k^{Z_1}(\vec{r}_1) \cdot e^{i\, m_e \vec{v} \cdot \vec{r}/2\hbar} ,$$
$$\psi_k^{Z_2}(\vec{r},t) = \psi_k^{Z_2}(\vec{r}_2) \cdot e^{-i m_e \vec{v} \cdot \vec{r}/2\hbar} .$$

(2.62)

Hierbei bedeuten $\vec{r}_1, \vec{r}_2$ und $\vec{r}$ die Ortsvektoren des Elektrons
bezüglich Z_1 (Projektilkern), Z_2 (Kernladung des Targetatoms)

sind wasserstoffähnliche Funktionen der Systeme (Z_1+e) bzw. (Z_2+e), die Zustände mit negativen Energiewerten beschreiben. Durch die Mitberücksichtigung der Bewegung der Atomorbitale wird diese Theorie in einem weiten Geschwindigkeitsbereich anwendbar. Eine große Anzahl von Rechnungen wurde für das System $(A^{Z+} + H(1s)$ in dem Parameterbereich $(1 \leq Z \leq 20)$ durchgeführt [64, 65, 74]. Dabei zeigte sich, daß vor allem im Bereich niedriger Geschwindigkeiten (E < 10 keV/u) starke Oszillationen in der Abhängigkeit der Übergangswahrscheinlichkeit P vom Stoßparameter ρ auftreten. Diese können teilweise auf den Einfang des Elektrons in Zustände mit unterschiedlicher

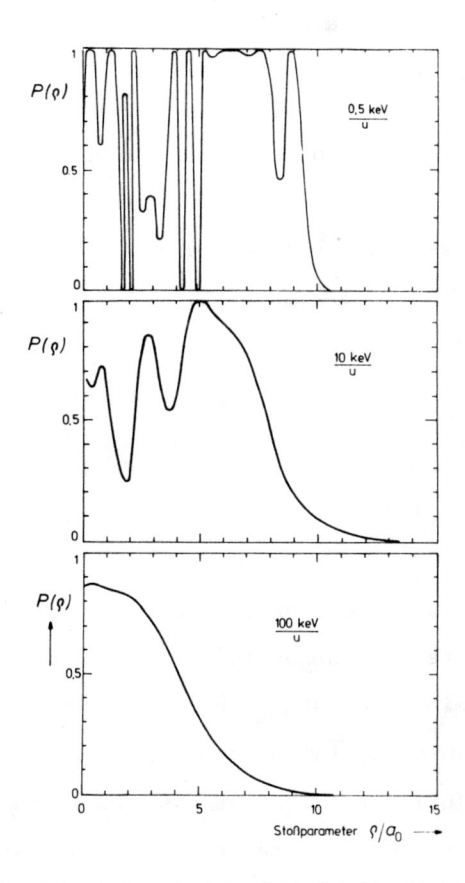

<u>Fig. 15</u>: Elektroneneinfangwahrscheinlichkeit $P(\rho)$ für die Reaktion $O^{8+} + H(1s) \rightarrow O^{7+} + H^+$

und des Mittelpunktes der Kernverbindungsachse; $\vec{v}$ soll die
Relativgeschwindigkeit darstellen, $\psi_k^{Z_1}(\vec{r}_1)$ und $\psi_k^{Z_2}(\vec{r}_2)$
Quantenzahl n zurückgeführt werden. Jedoch auch beim Elektroneneinfang in einen spezifischen n-Zustand treten Strukturen in der ρ-Abhängigkeit auf. Wird die Stoßenergie erhöht, so werden die Oszillationen schwächer, bis bei $E \geq 100$ keV/u die Kurve $P(\rho)$ einen glatten Verlauf zeigt. Für das System $(O^{8+} + H(1s))$ ist die Elektroneneinfangwahrscheinlichkeit für verschiedene Energien in Fig. 15 dargestellt. Es fällt auf, daß auch für kleine Stoßparameter die Einfangwahrscheinlichkeit $P(\rho) < 1$ ist, im Gegensatz zu Aussagen des Absorptionsmodells, das für $\rho < R_c$ eine vollständige Absorptions voraussetzt.

Die berechneten Wirkungsquerschnitte zeigen eine gute Übereinstimmung sowohl bei niedrigen Energien mit Ergebnissen der molekularen "close coupling"-Rechnungen als auch bei hohen Energien mit Wirkungsquerschnitten, die aus klassischen Trajektorienrechnungen gewonnen wurden. Ryufuku und Watanabe konnten zeigen, daß der Umladungsquerschnitt für das System $A^{Z+} + H(1s)$ in folgender Form dargestellt werden kann [74]:

$$\sigma = Z^{1,07} \cdot \tilde{\sigma}(E/\delta) \text{ mit } \delta = Z^{0,464}. \quad (2.63)$$

Für $E/\delta \leq 10$ keV/u ist der skalierte Wirkungsquerschnitt $\tilde{\sigma}$ nur wenig vom Parameter E/δ abhängig, so daß in diesem niederenergetischen Geschwindigkeitsbereich der Wirkungsquerschnitt σ ungefähr linear mit der Ladungszahl ansteigt. Neuere Rechnungen [72], die den Einfluß von Ionisations- und Anregungsprozessen mitberücksichtigen, ergeben für δ einen etwas veränderten Wert von $\delta = Z^{0,35}$.

In der Theorie von Presnyakov und Ulantsev [73], die das allgemeine System $A^{z+} + B$ beschreibt, werden die gekoppelten Gleichungen in einem Näherungsverfahren gelöst. Hierbei wird die Gesamtwellenfunktion nach atomaren Zuständen des Ions $A^{(z-1)+}$ entwickelt. Um die Vollständigkeit des Basissystems zu gewährleisten, werden sowohl die diskreten als auch die kontinuierlichen Zustände des Projektils $A^{(z-1)+}$ berücksichtigt. Für $t \to -\infty$ muß das Basissystem in der Lage sein, den gebundenen Zustand des Elektrons im Atom B zu beschreiben. Bei dieser Wahl der Basis können die Anfangs- und die Endzustände leicht in orthogonaler Form dargestellt werden. Im Rahmen dieser Theorie haben Presnyakov und Ulantsev [73] sowie Shevelko [75] Wirkungsquerschnitte für die Umladung in verschiedenen Systemen berechnet.

Für $v \gtrsim v_o$ kann für den Wirkungsquerschnitt folgende Skalierung angegeben werden:

$$\sigma = \pi z^2 (13,6 \text{ eV}/I_B(T))^2 \cdot \sigma^*(v,z) . \quad (2.64)$$

Im Bereich niedriger Stoßgeschwindigkeiten ist σ^* nahezu konstant, so daß $\sigma \sim z^2$ anwachsen sollte.

Für den Bereich sehr hoher Geschwindigkeiten ($v > v_o$) haben Olson und Salop [76] mit Hilfe der Monte-Carlo-Methode zahlreiche klassische Trajektorienrechnungen durchgeführt. Für das 3-Körperproblem ($A^{z+} + H(1s)$) werden die Hamilton'schen Gleichungen numerisch für eine große Anzahl von Trajektorien (~ 1000) gelöst, wobei der Stoßparameter einer zufälligen Auswahl unterliegt. Inzwischen sind verschiedene Systeme untersucht worden [77-80], wobei durch die Einführung von effektiven Ladungszahlen auch nicht vollständige gestrippte Projektilionen mit $z \leq 3$ betrachtet werden konnten.

Ebenfalls für hohe Geschwindigkeiten haben Chan und Eichler [81] eine Eikonal-Behandlung entwickelt. Sie konnten zeigen, daß der Umladungsquerschnitt für $v > 2\,v_o$ mit dem Querschnitt skaliert, der sich aus der OBK-Näherung (Oppenheimer, Brinkman, Kramers) [82] ergibt:

$$\sigma = \alpha^* \cdot \sigma^{OBk} ; \qquad (2.65)$$

der Skalierungsfaktor hängt dabei nur wenig von z und v ab.

In einem kürzlich entwickelten Modell von Presnyakov, Uskov und Janev [83] wird die Verteilung der elektronischen Endzustände über die Drehimpulsquantenzahl l in analytischer Form berechnet. Sie untersuchen die Reaktion

$$A^{z+} + H(1s) \rightarrow A^{(z-1)+}(n,l) + H^+ , \qquad (2.66)$$

wobei als Basis 2-Zentren-Wellenfunktionen benutzt werden. Ist σ_n der Wirkungsquerschnitt für den Elektroneneinfang in den Zustand n, so ist der Wirkungsquerschnitt für den Einfang in das Unterniveau mit der Quantenzahl l gegeben durch:

$$\sigma_{nl} = \sigma_n \cdot \frac{2l+1}{z} \cdot \exp\{-l(l+1)/z\} . \qquad (2.67)$$

Als wahrscheinlichste Quantenzahl l ergibt sich hieraus für
z >> 1

$$l_{max} \simeq \sqrt{z}. \qquad (2.68)$$

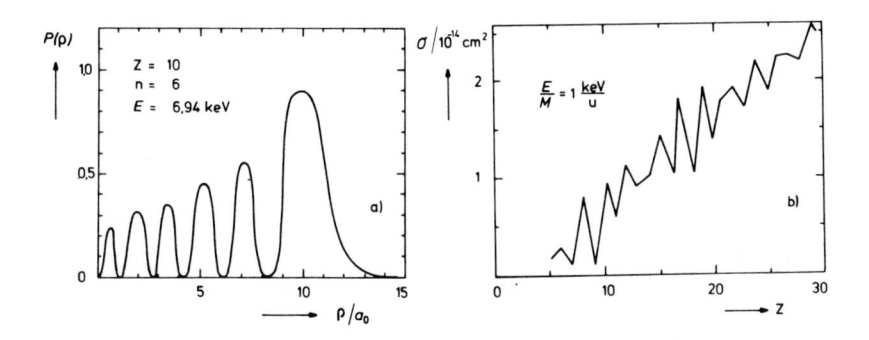

Fig. 16: a) $P(\rho)$ in Abhängigkeit von ρ für die
Reaktion $A^{Z+} + H(1s) \to A^{(Z-1)+}$ (n=6)
$+ H^+$; b) Umladungsquerschnitt in Abhängigkeit von der Projektilladung Z [83],
($v = 4,3 \times 10^7$ cm/s)

Die Berechnung von σ_n führt ähnlich wie die UDWA-Theorie zu Übergangswahrscheinlichkeiten $P(\rho)$, die in Abhängigkeit vom Stoßparameter starke Strukturen aufweisen. Bei kleinen Stoßparametern - dem Bereich, in dem klassisch erlaubte Übergänge erfolgen können - zeigt $P(\rho)$ ein stark oszillatorisches Verhalten, bei großen Stoßparametern - dem Bereich, in dem Elektronentransfer nur über den Tunneleffekt möglich ist - fällt $P(\rho)$ exponentiell ab. In Fig. 16 ist P in Abhängigkeit von ρ sowie der daraus gewonnene Wirkungsquerschnitt in Abhängigkeit von der Ladungszahl für den Stoß nackter Kerne mit atomarem Wasserstoff dargestellt. Es zeigt sich, daß auch in der z-Abhängigkeit starke Strukturen auftreten, die erst im Bereich höherer Geschwindigkeiten ausgedämpft werden.

2.3 Beschreibung von Mehrelektronenaustauschprozessen

Sind mehrere Elektronen an dem Umladungsprozeß beteiligt, so wird die theoretische Beschreibung dieser Prozesse wesentlich erschwert. Dies liegt einerseits daran, daß nun bei der Wechselwirkung die Korrelation mehrerer aktiver Elektronen berücksichtigt werden muß. Zum anderen wird die Anzahl der möglichen Reaktionskanäle drastisch erhöht. Bereits für den Fall, daß nur zwei Elektronen "aktiv" am Stoßprozeß beteiligt sind, tritt neben die reine Umladungsreaktion, in der zwei Elektronen gleichzeitig oder auch nacheinander während eines Stoßes übertragen werden, eine große Anzahl von Reaktionen, die zur Emission von freien Elektronen führen. Dies hängt damit zusammen, daß das vorliegende Stoßsystem als ein angeregtes autoionisierendes System angesehen werden kann, wobei die oberen (atomaren) Niveaus besetzt, die unteren (ionischen) Niveaus jedoch leer sind. Dieses angeregte System kann über verschiedene Reaktionsmechanismen seinen instabilen Zustand verlassen, sowohl über molekulare als auch über atomare Autoionisationsprozesse innerhalb des "Quasimoleküls" bzw. in den bereits auseinander laufenden atomaren Systemen. Eine Beschreibung dieser Prozesse ist von Kishinevskii und Parilis [84] sowie von Gerber und Niehaus [85] und von Winter et al. [86] in großer Ausführlichkeit durchgeführt worden.

Betrachten wir im folgenden den Prozeß des 2-Elektronentransfers, so kann dieser Prozeß bei niedrigen Stoßenergien ebenfalls im Bild der diabatischen Potentialkurven und im Rahmen eines erweiterten Landauzenermodells beschrieben werden. Allerdings benötigt man nun zur Berechnung der nichtadiabatischen Übergangswahrscheinlichkeiten die Matrixelemente für die 2-Elektronen-Austauschwechselwirkung $\Delta^{(2)}(R)$. Diese Matrixelemente sind von Grozdanov und Janev [87] für das Zweielektronensystem berechnet worden. Die Auswertung zeigt, daß $\Delta^{(2)}(R)$ im wesentlichen von der Ladung beider Kerne sowie von der Bindungsenergie des "äußeren" Elektrons im Anfangs- und Endzustand abhängt. Für einen festen Kernabstand sind die berechneten Matrixelemente wesentlich kleiner als für den Einelektroneneinfang. Wegen der schwächeren Kopplung sollten die Zweielektronenübergänge bei etwas kleineren Kreuzungsradien erfolgen, was bedeutet, daß die Wirkungsquerschnitte für den Zweielektronenaustausch im allgemeinen kleiner sind als die entsprechenden Einelektroneneinfangquerschnitte. Abschätzungen über das Verhältnis beider Wirkungsquerschnitte lassen sich aus der relativen Lage der Potential-Kurvenkreuzungen gewinnen; sie werden daher im wesentlichen von den Energiedefekten der Reaktionen und damit von den Bindungsenergien abhängen.

Eine theoretische Beschreibung von Prozessen, die den gleichzeitigen Einfang von mehr als zwei Elektronen zur Folge haben, ist bisher noch nicht durchgeführt worden. Allgemein läßt sich nur sagen, daß wegen der kleineren Kopplungselemente ebenfalls die Wirkungsquerschnitte niedriger sein sollten als für den Ein- und Zweielektroneneinfangprozeß. Eine Ausnahme stellen die Mehrelektroneneinfangprozesse in den symmetrischen System dar, die durch die Gleichung

$$A^{z+} + A \rightarrow A + A^{z+} \qquad (2.69)$$

beschrieben werden können. Es läßt sich zeigen [88], daß in diesen Fällen die Kopplungselemente größer sind als in den nicht resonanten Systemen, so daß die Reaktionen mit relativ großer Wahrscheinlichkeit ablaufen können [4].

3. Experiment und Meßmethode

3.1 Anforderungen an die Meßordnung

Die experimentelle Untersuchung von Elektroneneinfangprozessen erfordert einerseits die Bestimmung von totalen Wirkungsquerschnitten über einen großen Geschwindigkeitsbereich, andererseits die Analyse der elektronischen Zustände, in welche die Elektronen eingefangen werden. Um ein besseres Verständnis des Reaktionsmechanismus zu erreichen und um eine genaue Überprüfung der bestehenden Theorien durchführen zu können, ist es notwendig, aus dem Experiment möglichst detaillierte Informationen über die Stoßsysteme zu erhalten. Die eindeutige Identifizierung der Anfangs- und Endzustände ist daher von großer Bedeutung. Andererseits ist jedoch auch die Kenntnis der totalen Umladungsquerschnitte für viele Bereiche von großer Wichtigkeit.

Innerhalb der letzten 5 bis 6 Jahre sind von verschiedenen Gruppen [1, 89-96] totale Wirkungsquerschnitte für den Elektroneneinfang durch mehrfach geladene Ionen gemessen worden, wobei die Mehrzahl der Experimente bei höheren Stoßenergien durchgeführt wurde. Weitaus geringer ist die Zahl der Experimente, die sich mit der Bestimmung partieller Wirkungsquerschnitte befaßt.

Werden die Elektronen in angeregte Zustände des Projektils eingefangen, so lassen sich diese über die Analyse der nach dem Stoß emittierten Linienstrahlung identifizieren. Mit dieser Methode können sogenannte Anregungs- bzw. Emissionswirkungsquerschnitte bestimmt werden [97,98]. Eine andere Methode besteht darin, den Energiedefekt der Reaktionen über sogenannte Energieverlustmessungen zu bestimmen [99,100]. Die erste Methode hat den Vorteil der wesentlich höheren Auflösung, energetisch eng benachbarte Zustände können leicht im Nachweissystem getrennt werden. Allerdings sind Reaktionen, die zum Elektroneneinfang in metastabile Niveaus bzw. in den Grundzustand des Projektils führen, von der Untersuchung ausgeschlossen. Ein weiterer Vorteil der Energieverlustmessungen liegt darin, daß bereits geringe primäre Ionenströme ($\sim 10^{-16}$ A) ausreichen, um Wirkungsquerschnitte und Energieverteilungen bestimmen zu können. Dies liegt daran, daß der Elektroneneinfang für $z \gg 1$ bei großen Kernabständen ohne nennenswerten Impulsübertrag erfolgt, und somit die umgeladenen Projektile hauptsächlich in Vorwärtsrichtung den Reaktionsbereich verlassen. Bei den "optischen Messungen" sowie beim Nachweis freier Elektronen [101,102] wird wegen des großen Raumwinkels, in den die Photonen und Elektronen emittiert werden, nur ein kleiner Teil der Umladungsreaktionen nachgewiesen.

Um die aufwendige Entwicklung einer stromstarken Ionenquelle für mehrfach geladene Ionen zu vermeiden, haben wir uns entschlossen, mit Hilfe der Energieverlustmethode partielle Wirkungsquerschnitte für den Umladungsprozeß zu untersuchen. Im Experiment muß somit ein sauber präparierter Ionenstrahl erzeugt werden, der hinsichtlich seiner Stoßenergie, seines Ladungszustandes und bezüglich der Ionensorte gut definiert ist.

Darüber hinaus müssen Aussagen über den elektronischen Zustand der Projektilionen möglich sein. Nach der Wechselwirkung des Primärstrahls mit einem ruhenden Gastarget bzw. einem atomaren Wasserstoffstrahl ist eine Winkel- und Energieanalyse der umgeladenen Projektile notwendig für die Bestimmung des Energiedefektes der Reaktion.

Werden Messungen in einem molekularen Targetgas durchgeführt, so ist zusätzlich eine Analyse der langsamen Targetionen erforderlich, um das System nach dem Stoß eindeutig identifizieren zu können. Sind die differentiellen, partiellen Wirkungsquerschnitte gemessen, so können hieraus durch Integration über den Winkelbereich sowie über das gewonnene Energiespektrum totale Wirkungsquerschnitte bestimmt werden.

3.2 Aufbau der Streuapparatur

In Fig. 17 ist die Apparatur, mit der eine große Anzahl von Umladungsreaktionen hinsichtlich ihres Energiedefektes untersucht wurde, schematisch dargestellt [100,104]. Aus der Anode

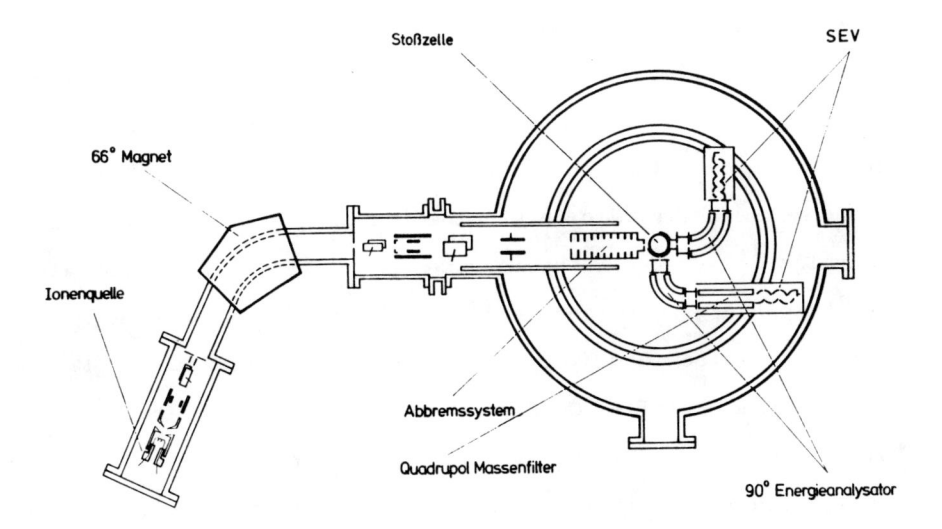

Fig. 17: Schematische Darstellung der Streuapparatur [100,103]

einer Ionenquelle werden mehrfach geladene Ionen extrahiert und mit Hilfe eines Linsensystems zu einem Strahl geformt. In dem sich anschließenden Massenspektrometer erfolgt eine Selektion hinsichtlich des Verhältnisses von $M_p/z \cdot e$, wobei M_p die Masse des Projektilions bedeuten soll. Das weitere Strahlführungssystem besteht aus verschiedenen ionenoptischen Elementen, insbesondere einem Abbremssystem [105] unmittelbar vor dem Stoßzellenbereich, das eine Reduzierung der Stoßenergie ermöglicht. Die Verwendung mehrerer Ablenkplattenpaare gestattet eine feine Nachjustierung des Primärstrahles.

Die schnellen sekundären Ionen sowie der große Anteil der primären Ionen, die ohne Reaktion den Stoßzellenbereich verlassen, können mit einem Blendensystem hinsichtlich des Streuwinkels θ sowie mit einem $90°$-Zylinderkondensator bezüglich des Verhältnisses von $E/z \cdot e$ analysiert werden, bevor sie mit einem Sekundärelektronenvervielfacher (SEV) nachgewiesen werden. Eine zweite Nachweiseinheit, die unter einem festen Winkel von $90°$ hinsichtlich des ersten Nachweissystems montiert ist, erlaubt die Extraktion langsamer Ionen und eine anschließende Analyse bezüglich $E/z \cdot e$ sowie M_T/ze. Zur Bestimmung der Targetmasse M_T wird ein kommerzielles Quadrupolmassenfilter [106] der Firma Balzers verwendet. Die Nachweiseinheiten können in einem Winkelbereich von $-20°$ bis $+100°$ bezüglich der Primärstrahlrichtung gedreht werden.

Die Evakuierung des Rezipienten erfolgt mit Diffusionspumpen mit einer effektiven Gesamtsaugleistung von ~ 3500 l/s, wobei der Quellenrezipient zusätzlich durch ein differentielles Pumpsystem von der restlichen Streukammer abgetrennt ist. Während des Betriebes der Ionenquelle konnte bei Stoßzellendrucken von einigen 10^{-2} Pa ein Untergrunddruck von 6×10^{-4} Pa in der Streukammer aufrechterhalten werden. Unerwünschte Umladungsreaktionen mit dem Gas entlang der Laufstrecke mußten daher von den Stoßprozessen, die in der eigentlichen Stoßzelle erfolgen, abgetrennt werden (siehe Abschnitte 3.2.2.3 und 3.31).

Einige der in dieser Arbeit beschriebenen totalen Umladungsquerschnitte wurden in einer zweiten Stoßapparatur [107,108] gewonnen, deren primäres Strahlführungssystem ähnlich aufgebaut ist wie das zuvor beschriebene. Die sekundären Ionen werden in einem Winkelbereich um $\theta = 0°$ nachgewiesen, wobei verschiedene Ladungszustände wiederum durch ein Quadrupolmassenfilter getrennt werden können. Diese Anordnung ist insbesondere dann zur Messung totaler Wirkungsquerschnitte geeignet, wenn Stoßsysteme mit schweren Projektilionen und leichten Targetatomen betrachtet werden. Zum einen erfolgt der Elektroneneinfang dominant bei großen Kernabständen, so daß der Impuls der Primärionen kaum geändert wird, zum anderen lassen sich aus der Kinematik der Stöße maximale Streuwinkel ableiten, die in den Bereich der Akzeptanz des Nachweissystems hineinfallen. Die Elektronenstoßionenquelle, die zur Erzeugung der mehrfach geladenen Ionen benutzt wird, soll im nächsten Abschnitt kurz erläutert werden.

3.2.1 Ionenquellen zur Erzeugung mehrfach geladener Ionen

Die Untersuchung des Elektroneneinfanges durch niederenergetische, mehrfach geladene Ionen wurde über einen längeren Zeitraum vor allem dadurch behindert, daß keine geeigneten Ionenquellen für diese Experimente zur Verfügung standen. Im Bereich hoher Stoßenergien können mehrfach geladene Ionen durch den

Stripping-Prozeß beim Durchgang schneller Projektile durch dünne Folien erzeugt werden. Durch das große Interesse an der Schwerionenphysik allgemein sowie an der Wechselwirkung von hochgeladenen Projektilionen mit neutralen Teilchen sind neue Ionenquellenkonzepte entwickelt worden, die in der Zwischenzeit in der Lage sind, auch bei niedrigen Strahlenergien (~ keV-Bereich) intensive Ionenstrahlen in hohen Ladungszuständen zu erzeugen. Hierbei handelt es sich einerseits um die sogenannten EBIS-Quellen (electron beam ion source) [109,110], die von einem intensiven Elektronenstrahl hoher Dichte ausgehen, der zusätzlich in einem axialen, ansteigenden Magnetfeld komprimiert wird und so zu einer hohen Ionisation der Neutralteilchen führt. Zum andern wurden ECR-Quellen entwickelt [111], die auf dem Prinzip der Elektronzyklotronresonanzheizung basieren, und ebenfalls die Erzeugung nackter Projektilkerne bei niedrigen Stoßenergien gestatten. Beide Quellensysteme erfordern jedoch ebenso wie die herkömmlichen Gasentladungsquellen (Duoplasmatron, Penningentladung [112-114]) einen hohen technischen Aufwand und hohe Leistungen im Betrieb.

Da die Energieverlustmessungen bereits mit sehr kleinen primären Ionenströmen (~ 10^{-15} A) durchgeführt werden können, haben wir uns für den Aufbau sehr einfacher Ionenquellen entschieden, die je nach dem verwendeten Quellengas Ionen in den Ladungszuständen $1 \leq z \leq 8$ in ausreichender Strahlstärke liefern. Ein weiterer wichtiger Gesichtspunkt bei der Auswahl der Quelle ist die energetische Breite des Strahles, da diese die maximal erzielbare Auflösung im Experiment begrenzt.

Prinzipiell können mehrfach geladene Ionen durch verschiedene elementare Prozesse erzeugt werden. Zum einen ist es möglich, in einem Stoß eines energiereichen Elektrons mit einem Atom mehrere Elektronen aus der Elektronenwolke herauszuschlagen, beziehungsweise ein Elektron aus einer inneren Schale auszulösen, so daß in den nachfolgenden Augerprozessen eine größere Anzahl von Elektronen emittiert wird. Die Erzeugung von mehrfach geladenen Ionen durch Einzelstöße mit Elektronen führt jedoch insbesondere bei hohen Ladungszuständen zu sehr niedrigen Ionenausbeuten, da die entsprechenden Wirkungsquerschnitte sehr stark abnehmen [115].

Eine andere Methode besteht darin, die Ionen in einer Potentialmulde über eine längere Zeit einzuschließen und durch sukzessive Stöße mit verschiedenen Elektronen in höhere Ladungszustände zu ionisieren. Eine solche Quelle liefert insbesondere dann, wenn sie bei niedrigen Gasdrucken gepulst betrieben wird, so daß auch der Einschluß der höher geladenen Ionen gewährleistet ist, einen großen Anteil an mehrfach geladenen Ionen. Experimente zur Elektronenstoßionisierung von Müller et al. zeigen, daß die Ablösung eines Elektrons auch von mehrfach geladenen Ionen mit relativ großer Wahrscheinlichkeit erfolgt [116].

Die in den vorliegenden Experimenten verwendeten Ionenquellen arbeiten nach beiden Prinzipien. In einer einfachen Entladungsquelle werden die Ionen durch Einzelstoß erzeugt; in einer Elektronenstrahlionenquelle, die von Redhead [117] vorgeschlagen wurde, erfolgt die Bildung mehrfach geladener Ionen durch Mehrstufenionisierungsprozesse. Im folgenden seien beide Quellentypen kurz beschrieben.

Die Gasentladungsquelle (siehe Ref. [118,119]) besteht im wesentlichen aus einer Glühkathode und einer Anode im Abstand von 5 mm. Durch eine kleine Öffnung (∅ = .5 mm) in der Anode werden die Ionen über ein Extraktionssystem (Pierce Geometrie [120]) abgesaugt und mit einer Einzellinse auf den Eingangsspalt des Magneten fokussiert. Diese Anordnung war ursprünglich als Niedervoltbogen [121] aufgebaut worden und war in der Lage, einen Strahl einfach geladener Ionen mit hoher Güte, insbesondere mit schmaler energetischer Breite, zu erzeugen [119]. Durch Reduzierung der Heizleistung in der Glühkathode sowie durch Absenken des Arbeitsdruckes in der Ionenquelle ($p \leq 5$ Pa) war es möglich, die Entladungsspannung über 1 kV zu erhöhen. Dadurch wurde die

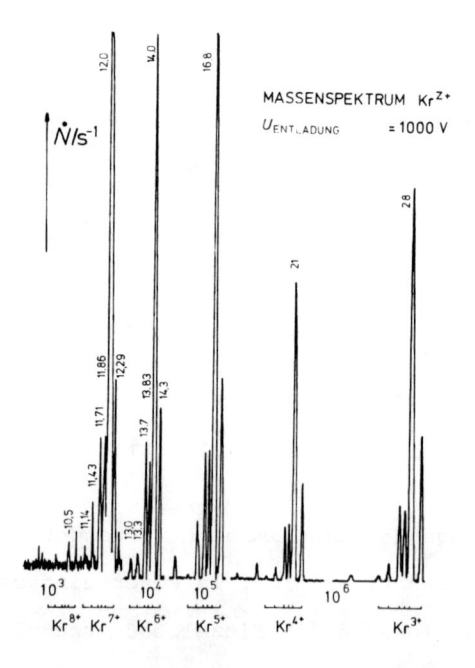

Fig. 18: Ladungsspektrum der aus der Quelle extrahierten Ionen ($z=3-8$; $U_{Entl.} = 1$ kV; $p \sim 5$ Pa). Die angegebenen Zehnerpotenzen geben die Zählraten der einzelnen Ladungszustände an ($\dot{N}(Kr^{2+})$, $\dot{N}(Kr^{+}) \sim (10^7-10^8) s^{-1}$)

Wahrscheinlichkeit für die Erzeugung mehrfach geladener Ionen in einzelnen Elektronenstößen erhöht. Ein typisches Ladungsspektrum der emittierten Ionen ist in Fig. 18 für das Quellengas Kr dargestellt. Entsprechend dem Verlauf der Wirkungsquerschnitte für Einzelstoßionisierung nimmt der Teilchenstrom stark mit der Erhöhung der Ladungszahl z ab; für z=7 steht in der Stoßzelle ein primärer Teilchenstrom von 10^3 Teilchen/s zur Verfügung. Eine Energieanalyse der primären Ionen ergab, daß die Breite der Energieverteilung stark von der Ladungszahl z abhängt (siehe Fig. 19). Für z=2 beträgt die Halbwertsbreite

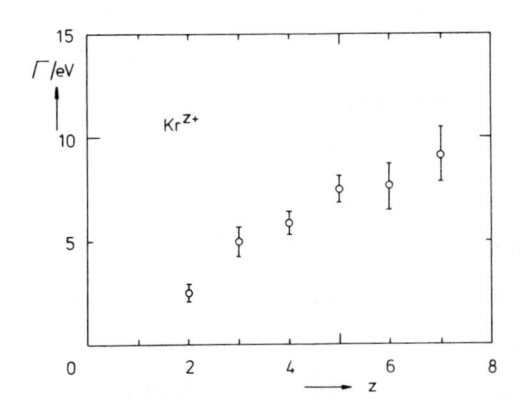

Fig. 19: Halbwertsbreite Γ der Energieverteilung der primären Ionen in Abhängigkeit von der Projektilladung ($U_{Extraktion}=1kV$)

≃ 2eV, sie wächst mit z an und erreicht bei z=7 einen Wert von 8eV. Diese Werte werden von der Größe der Extraktionsspannung beeinflußt. Geringe Piercelinsenspannungen reduzieren die gemessene Halbwertsbreite, allerdings nimmt dabei der extrahierte Ionenstrom stark ab. Je nach Ladungszahl muß daher im Experiment ein unterschiedlicher Kompromiß geschlossen werden.

Im Bereich höherer Ladungszahlen wird das experimentell erzielbare Auflösungsvermögen durch die energetische Breite des Primärstrahls begrenzt; der Einsatz eines zusätzlichen, hochauflösenden Energiefilters in der Primärstrahlführung scheidet jedoch wegen der geringen Ionenströme in diesem z-Bereich aus. Dennoch kann die Energieverteilung der mehrfach geladenen Primärionen als schmal angesehen werden im Vergleich mit entsprechenden Ionenstrahlen, die aus anderen Quellen extrahiert werden.

Die Elektronenstrahlionenquelle, die bei der Messung totaler Wirkungsquerschnitte verwendet wurde, ist ausführlich in Ref. [107] und Ref. [108] beschrieben. Es handelt sich dabei um eine "Miniaturausführung" einer EBIS-Quelle, in der die räumlich eingeschlossenen Ionen durch Stufenionisierungsprozesse in höhere Ladungszustände gebracht werden. Mit Hilfe einer Glühkathode, eines Wehneltzylinders und einer elektrostatischen Linse, wird ein Elektronenstrahl hoher Dichte erzeugt und in einen Reaktionsraum geschossen, der das Quellengas enthält. Die gebildeten Ionen werden im Bereich des Elektronenstrahles durch die negative Raumladung in radialer Richtung sowie durch zwei Blenden, die ein schwaches positives Potential definieren, in axialer Richtung eingeschlossen. Durch sukzessive Elektronenstöße werden die Ionen in höhere Ladungszustände ionisiert. Die Extraktion der Ionen erfolgt senkrecht zur Elektronenstrahlrichtung, sie wird durch eine "Repellerelektrode", die gegenüber der Extraktionsöffnung angebracht ist, unterstützt. Bei gepulstem Betrieb der Quelle sollte insbesondere bei niedrigen Gas-

drucken die Potentialmulde zu einem effektiven Einschluß der
Ionen - auch in höheren Ladungszuständen - führen [117]. Wird
die Quelle im Dauerbetrieb verwendet, so nimmt die Einschluß-
zeit der Ionen im Bereich des Elektronenstrahls ab, so daß insbesondere die hohen Ladungszustände nicht mehr über Stufenpro-
zesse gebildet werden. In Fig. 20 ist ein typisches Ladungs-

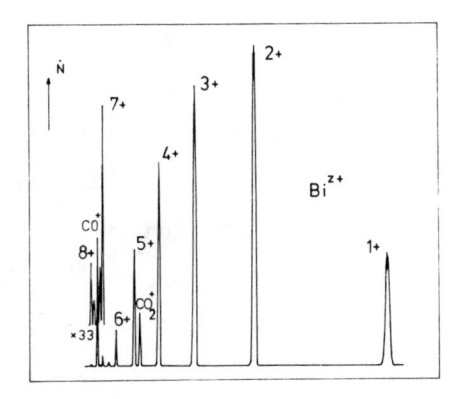

Fig. 20: Typisches Ladungsspektrum der Elektronenstrahlionenquelle im Dauerbetrieb. (p=10^{-5}-10^{-6} Pa;
$E_{Elektron}$ = 700 eV)

spektrum dieser Quelle (im Dauerbetrieb) dargestellt [108].
Die Bedeutung der Mehrstufenprozesse wird einerseits durch eine
Verschiebung des Maximums in der Ladungsverteilung zu höheren
z-Werten hin hervorgehoben, andererseits nehmen die Teilchenströme bei Erhöhung der Ladungszahl langsamer ab als in einem
Spektrum, das durch Einzelstoßionisierung erzeugt wird (vergleiche Fig. 18).

Das "Arbeitsgas" wird durch Verdampfen in einem Ofen bzw. einem
Dispenser hergestellt und in den Reaktionsraum der Quelle gelei-
tet.

Für die Durchführung der Wirkungsquerschnittsmessungen sowie für die Bestimmung der Energiedefekte ist es notwendig, den elektronischen Zustand der Projektilionen festzulegen. In beiden verwendeten Quellentypen werden die mehrfach geladenen Ionen in einer großen Anzahl verschiedener Zustände erzeugt. Entscheidend für das Experiment ist jedoch die Frage nach dem elektronischen Zustand, in dem sich die Projektilionen kurz vor Erreichen der Stoßzelle befinden. Wegen der großen Flugzeit ($\sim 10^{-5}$ s) der Projektile zwischen Ionenquelle und Stoßzelle muß lediglich ein möglicher Anteil von metastabilen Primärionen untersucht werden. Hierzu wurden sowohl die totalen Wirkungsquerschnitte als auch die Energiedefekte in Abhängigkeit von den Quellenparametern gemessen. Verändert wurde einerseits die Entladungsspannung von 500 bis 2500 V, zum anderen die Elektronenenergie von 200 eV bis 1000 eV. Da keine Änderungen in den Meßgrößen festzustellen waren, schließen wir, daß sich im Bereich der Stoßzelle der überwiegende Anteil der primären Ionen im elektronischen Grundzustand befindet. Die Energiespektren (bei z=2) zeigten ebenfalls keine Strukturen, die auf den Einfluß von metastabilen Primärionen zurückzuführen waren.

3.2.2 <u>Aufbau und Eigenschaften der verwendeten Targets</u>

Für eine saubere Analyse der Umladungsreaktionen ist die exakte Festlegung eines Wechselwirkungsbereiches notwendig. Dies läßt sich einerseits durch die Verwendung einer mit Gas gefüllten Stoßzelle erreichen, wobei der Druck in der Stoßkammer wesentlich größer ist als im restlichen Strahlführungssystem.

Zum anderen kann der primäre Ionenstrahl gekreuzt werden mit einem Atomstrahl, so daß Reaktionen nur im Überlappungsbereich beider Strahlen erfolgen können. In beiden Fällen ist die Einhaltung sogenannter "Einzelstoßbedingungen" die wesentliche Voraussetzung für eine einfache und sichere Analyse der Meßdaten. Die Targetdicke muß daher so niedrig gewählt werden, daß nur ein geringer Anteil der primären Ionen (maximal einige Prozent) im Wechselwirkungsbereich einen Stoß ausführt, d. h. die mittlere freie Weglänge zwischen zwei Stößen muß groß sein gegenüber der Stoßzellenlänge. Eine Überprüfung der Einzelstoßbedingung ist möglich, indem Reaktionen bei verschiedenen Drukken untersucht werden bzw. zur Bestimmung der Wirkungsquerschnitte die sogenannte "Druckanstiegmethode" angewendet wird [122]. Bei beiden Anordnungen ist darauf zu achten, daß unerwünschte Reaktionen, die außerhalb des eigentlichen Stoßbereiches stattfinden, von den Nutzsignalen abgetrennt werden können.

Der größere Teil der Experimente, über die in dieser Arbeit berichtet wird, wurde mit einem Gastarget durchgeführt; lediglich für die Untersuchung von Elektroneneinfangprozessen in atomarem Wasserstoff wurde ein "Atomstrahl-Target" verwendet.

3.2.2.1 Eigenschaften des Gastargets (Stoßzelle)

In Fig. 21 ist der Aufbau der verwendeten Stoßzelle schematisch dargestellt. Sie besteht aus einem zylindrischen Rohr ($\emptyset_i$=1,8 cm), das eine Eingangsöffnung ($\emptyset$=2 mm) für den primären Ionenstrahl sowie einen Ausgangspalt für die sekundären Ionen besitzt.

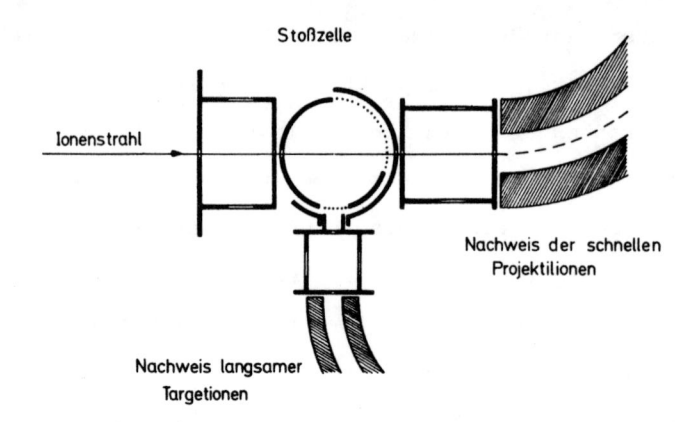

Fig. 21: Schematische Darstellung des Stoßzellen-
bereichs

Um eine hohe Gasdichtigkeit zu erreichen, ist der Ausgangsspalt mit einer Blende abgedeckt, die zusammen mit der Nachweiseinheit um die Stoßzelle gedreht werden kann.

Die Gasdichte innerhalb der Stoßzelle wird mit einem Ionisations-
manometer bestimmt, welches mit Hilfe eines McLeod Vakuumeters
bzw. mit einem kapazitiven Membranmanometer der Firma MKS-
Baratron kalibriert wurde. Je nach untersuchter Reaktion wurde in der Stoßzelle ein Druck zwischen 10^{-2} und 10^{-1} Pa einge-
stellt, was einer Teilchendichte von $2 \times 10^{12} - 2 \times 10^{13}$ cm^{-3}
entspricht.

Ein Problem stellt die Bestimmung der Targetlänge dar, da die
Dichte des Targetgases entlang der Strahlführung insbesondere
an der Eingangs- und Austrittsöffnung der Stoßzelle stark unterschiedlich ist. Durch die Einführung einer effektiven Länge l_{eff}
ist jedoch die Messung der Targetdichte in der Mitte der Stoß-

zelle ausreichend; die Größe l_{eff} kann folgendermaßen beschrieben werden [123]:

$$l_{eff} = l_o + 2 (r_e + r_a) , \qquad (3.1)$$

wobei l_o die geometrische Länge der Stoßzelle, r_e und r_a die Radien der Eingangs- und Ausgangsblende beschreiben.

Bei der Bestimmung der differentiellen Wirkungsquerschnitte muß berücksichtigt werden, daß das Reaktionsvolumen stark vom Beobachtungswinkel abhängt und somit eine Korrektur der gemessenen Zählraten erforderlich ist. In Ref. [119] ist der Verlauf des Reaktionsvolumens in Abhängigkeit vom Streuwinkel sowie der Einfluß der Winkelauflösung ausführlich diskutiert.

Die Stoßzelle sowie die davor und dahinter angebrachten Blenden sind elektrisch verbunden und erzeugen einen feldfreien Stoßraum. Lediglich beim Nachweis der langsamen Targetionen wird an die Eingangsblende des entsprechenden Nachweissystems eine Extraktionsspannung angelegt, die ein schwaches elektrisches Feld in der Stoßzelle erzeugt. Durch geeignete Wahl des Stoßzellenpotentials ist es möglich, sekundäre Ionen, die innerhalb und außerhalb der Stoßzelle gebildet werden, mit der im Nachweissystem durchgeführten Energieanalyse zu trennen (siehe Abschnitt 3.3).

3.2.2.2 Aufbau des Targets für atomaren Wasserstoff

Für die Messung von Umladungsquerschnitten in atomarem Wasserstoff ist es notwendig, einerseits den molekularen Wasserstoff zu dissoziieren und zum anderen eine starke Rekombination im Stoßbereich zu vermeiden, so daß ein möglichst hoher effektiver Dissoziationsgrad erzielt werden kann. Zur Dissoziation der Wasserstoffmoleküle bieten sich verschiedene Methoden an. Einerseits lassen sich in einem Wolframofen mit hoher Temperatur die H_2-Moleküle thermisch dissoziieren, wobei ein zusätzlicher katalytischer Effekt an den Wolframoberflächen auftritt, zum anderen können Stöße mit Elektronen in Gleichstrom- bzw. Hochfrequenzentladungen ausgenutzt werden, um atomaren Wasserstoff zu erzeugen.

Wird das molekulare Gas in einem Wolframofen auf eine hohe Temperatur (~ 2500 K) aufgeheizt, so können die relativen Konzentrationen der Atome und Moleküle durch eine Gleichgewichtskonstante beschrieben werden, die vor allem von der Temperatur, der Gasdichte sowie der Dissoziationsenergie der betrachteten Moleküle abhängt. Es läßt sich zeigen [124], daß bei einem Druck von p ~ 133 Pa und einer Temperatur von 3000 K molekularer Wasserstoff zu 98 % dissoziiert wird. Andere Moleküle, die eine höhere Dissoziationsenergie aufweisen, können auf diese Weise nur schwach dissoziiert werden [125]. Der Wolframofen besteht im allgemeinen aus einer aus verschiedenen Wolframfolien gewickelten Röhre, die direkt mit Gleichstrom geheizt wird. Eine der ersten Anordnungen wurde von Lamb und Retherford [126] entwickelt; in neueren Ofen-Konstruktionen wird der primäre Ionenstrahl entlang der Achse der zylindrischen Wolfram-Röhre geschickt, um eine größere Targetdicke zu erreichen [127-129]. Der molekulare

Wasserstoff wird dabei in der Mitte der Röhre eingelassen und durch zwei Metallblenden auf den zentralen, heißen Bereich der Röhre beschränkt.

Eine Niederfrequenzentladung war wahrscheinlich die erste Anordnung, mit der Wood [130] atomaren Wasserstoff in hohen Konzentrationen erzeugt hat. Die sogenannte Wood'sche Röhre besteht aus einem Entladungsgefäß mit einer Gesamtlänge von $L \geq 2$ m. Wood wählte diese Anordnung, um den katalytischen Einfluß der verwendeten Metallelektroden auf die Rekombination zu verringern. Er konnte zeigen, daß das von der Entladung emittierte Licht in der Nähe der Elektroden (in einem Bereich von 30 - 40 cm Länge) im wesentlichen von molekularem Wasserstoff herrührte, während im mittleren Bereich einer langen Entladung das Emissionsspektrum durch die Balmer-Linien des atomaren Wasserstoffs bestimmt war. Dieses Verhalten kann auf die unterschiedlichen Rekombinationskoeffizienten von Metall- und Glaswänden zurückgeführt werden. In der Zwischenzeit sind verschiedene Formen der Wood'sch Röhre für den Einsatz in Atom-Strahl-Experimenten entwickelt worden [131-133].

Der störende Einfluß der Metallelektroden kann vermieden werden, wenn der atomare Wasserstoff in einer elektrodenlosen Hochfrequenzentladung erzeugt wird. Bei Gasdrucken im Bereich von 1-10 Pa ist eine elektrische Leistung von ca. 50 Watt notwendig, um die Entladung aufrechtzuerhalten. Verschiedene Anordnungen unterscheiden sich vor allem durch die Form der Resonatoren, den verwendeten Frequenzbereich sowie das Verbindungssystem, das den atomaren Wasserstoff zur eigentlichen Wechselwirkungszone befördert [134-136]. Im Gegensatz zum Wolframofen, wo der Erzeugsort des atomaren Wasserstoffs und der Wechselwirkungsbereich mit dem Ionenstrom zusammenfallen, müssen bei der Verwendung einer Entladung Rekombinationsprozesse in dem Verbindungsteil zwischen beiden Bereichen in Kauf genommen werden. Ein Vergleich der drei beschriebenen Methoden zeigt, daß in allen Fällen eine fast vollständige Dissoziation des molekularen Wasserstoffs möglich ist; der erzielbare effektive Dissoziationsgrad im Wechselwirkungsbereich ist jedoch bei den einzelnen Anordnungen unterschiedlich, er hängt ab vom Aufbau der Gasaustrittsöffnung, von der Wahl des Wandmaterials sowie seiner Oberflächenbeschaffenheit und seiner Temperatur.

In sämtlichen experimentellen Untersuchungen des Elektroneneinfanges durch mehrfach geladene Ionen in atomarem Wasserstoff sind bisher Wolfram-Öfen verwendet worden. Wir haben uns für den Aufbau einer Gleichstromentladung in Form des Wood'schen Rohres entschieden. Maßgebend hierfür war der einfache Aufbau der Entladung sowie eine schnelle Realisierung dieses Targets mit geringem finanziellen Aufwand. Insbesondere hatte sich bei der Entwicklung einiger Öfen gezeigt, daß vor allem in der Anfangsphase große Probleme im mechanischen Aufbau durch die hohe thermische Belastung entstehen können. Soll andererseits eine Hochfrequenzentladung in Experimenten mit niederenergetischen Ionen eingesetzt werden, so ist eine gute Abschirmung des Entladungsbereiches eine notwendige Voraussetzung.

Der Aufbau der Apparatur und des Targets für atomaren Wasserstoff ist in Fig. 22 dargestellt. Die Wood'sche Röhre besteht

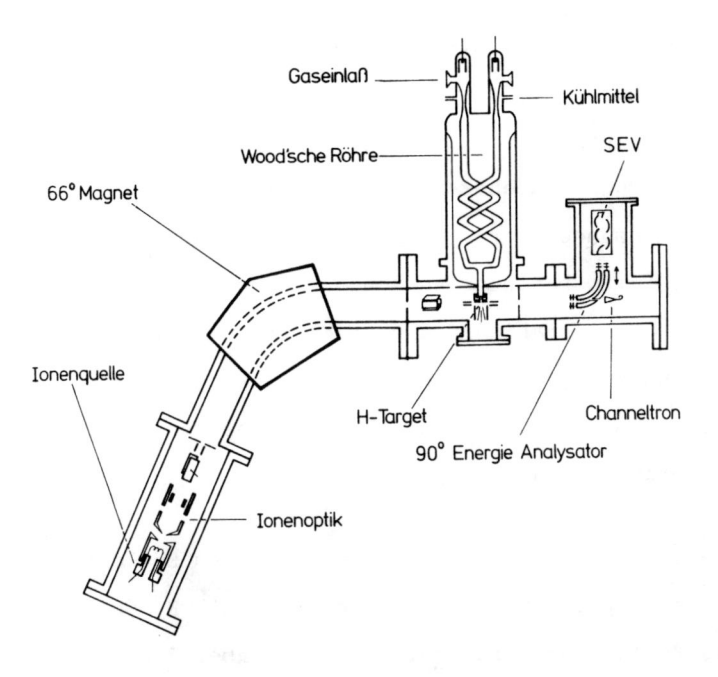

Fig. 22: Aufbau der Stoßapparatur mit dem
Target für atomaren Wasserstoff

aus einem Glasrohr von 220 cm Länge mit einem inneren Durchmesser von 1,5 cm; das Rohr ist in Form einer Doppelhelix aufgebaut worden. Kurz unterhalb der Aluminiumelektroden ist der Querschnitt des Entladungsgefäßes verengt, um den Transport von ausgelöstem Kathodenmaterial in die positive Säule zu erschweren, was zu einer Erhöhung der Rekombinationsprozesse führen würde. Das H_2-Gas wird in der Nähe der Kathode eingelassen und kann, falls ein Betrieb unter stetem Gasfluß gewünscht wird, an der Anode abgepumpt werden. In der Mitte des Entladungsgefäßes ist ein Ausgangskanal angebracht, über den der atomare Wasserstoff in den eigentlichen Stoßbereich hineinströmen kann. Zur Reduzierung des Gasstromes ist der Kanal durch eine Teflondüse abgeschlossen, die eine Länge von 4 mm und einen Durchmesser von 1,3 mm besitzt. Um den Einfluß der Gasströmung auf den effektiven Dissoziationsgrad zu bestimmen, wurden Kalibrierungsmessungen (siehe Abschnitt 3.2.2.3) mit verschiedenen Düsenabmessungen durchgeführt. Bei Gasdrucken in der Entladung von ~ 10 - 20 Pa ist eine Zündspannung zwischen 4 kV und 5 kV notwendig; im stationären Betrieb genügen 1,8 kV - 2 kV, um einen Entladungsstrom von 100 mA zu ermöglichen. Eine genauere Untersuchung der Entladungscharakteristiken ist in Ref. [137] durchgeführt worden.

Die gesamte Entladungsröhre ist von einem Kühlmantel umgeben, der die Temperatur auf einem Wert von 265 K konstant hält. Diese Kühlung hat einerseits die Aufgabe, die Wandrekombination von atomarem Wasserstoff zu reduzieren, zum anderen sollen Zusatzstoffe wie H_2O oder H_3PO_4, die zur "Präparation des Entladungsrohres" verwendet werden, auch während des Betriebes der Entladung auf der Wand festgehalten werden.

Bei der Untersuchung von reaktiven Stößen zwischen Gas- und Oberflächenatomen konnten Wise und Wood [138,139] zeigen, daß der Rekombinationskoeffizient von atomarem Wasserstoff an Pyrexglas bzw. an Quarzglas stark von der Wandtemperatur abhängt. Wird das System von Zimmertemperatur auf 265 K bzw. auf 210 K abgekühlt, so fällt der Rekombinationskoeffizient von 4×10^{-3} auf 2×10^{-3} bzw. auf 8×10^{-4}. Der Rekombinationskoeffizient erreicht einen minimalen Wert von ~ 2×10^{-5} bei einer Temperatur von ~ 100 K. Bei tiefen Temperaturen können somit die Wasserstoffatome eine große Anzahl von Stößen mit der Wand ausführen, bevor sie als Molekül in die Entladung zurückkehren. Für metallische Oberflächen ist der Rekombinationskoeffizient wesentlich größer, er erreicht für Aluminium einen temperaturunabhängigen Wert von ~ 0,3 [139].

Diese Ergebnisse zeigen, daß es besonders wichtig ist, den Diffusionsbereich zwischen Entladung und dem primären Ionenstrahl stark zu kühlen und die Aufenthaltsdauer der Atome in diesem Bereich möglichst niedrig zu halten (siehe auch Abschnitt 3.2.2.4).

Da die Rekombination an der Wand stark von der Oberflächenbeschaffenheit, insbesondere von den adsorbierten Gasschichten abhängt, wurde in verschiedenen Anordnungen [140,141] versucht, durch Behandlung des Entladungsgefäßes mit H_3PO_4 bzw. durch Zumischung von H_2O in das Entladungsgas den erreichbaren Dissoziationsgrad zu erhöhen. Verschiedene Experimente [139,142] zeigen, daß die beobachtete Erhöhung der Wasserstoffatom-Konzentration bei Wasserdampfzusatz jedoch nicht auf einer "Vergiftung" der Wandoberfläche beruht, sondern daß freie OH-Radiale, die in der Entladung gebildet werden, durch die Reaktion

$$OH + H_2 \rightarrow H_2O + H \qquad (3.2)$$

zu einer zusätzlichen H-Produktion führen. Bei einer starken Kühlung des Entladungsgefäßes sollte das Wasser an den Wänden ausgefroren werden und die Wirksamkeit möglicherweise zurückgehen.

In den vorliegenden Experimenten zeigte die Behandlung der Wood'schen Röhre mit H_3PO_4 eine wesentliche Verbesserung des Dissoziationsgrades in der Entladung sowie im Stoßbereich. Eine Analyse des emittierten Lichtes der Entladung ergab, daß der Anteil der atomaren Linien gegenüber dem molekularen Untergrund um den Faktor 10-100 erhöht werden konnte. Ein Zusatz von Wasserdampf in dem Entladungsgas zeigte andererseits keinen entsprechenden Effekt.

Um sicherzustellen, daß die Präparation des Entladungsgefäßes mit Phosphorsäure nicht zu einer "Verunreinigung" des Targets führt, wurden mit Hilfe eines Restgasanalysators massenspektrometrische Untersuchungen im Targetrezipienten durchgeführt. Die Massenspektren, die bei verschiedenen Betriebsbedingungen der Wood'schen Röhre aufgenommen wurden, zeigten keine Strukturen, die möglichen Fragmenten der verwendeten Phosphorsäure zugeordnet werden konnten. Lediglich bei ungekühlter Entladung wurden geringe Spuren von Phosphoratomen bzw. eine schwach erhöhte Zahl von Sauerstoffatomen nachgewiesen. Das Einschalten der Entladung führte zu einer Abnahme der molekularen Wasserstoffdichte im Rezipienten und zu einer starken Zunahme der atomaren Komponente. Eine quantitative Analyse dieser Änderung war allerdings nicht möglich, da der Restgasanalysator nicht nahe genug an den Stoßbereich herangeführt werden konnte. In Fig. 23 ist der mechanische Aufbau der Wood'schen Röhre wiedergegeben.

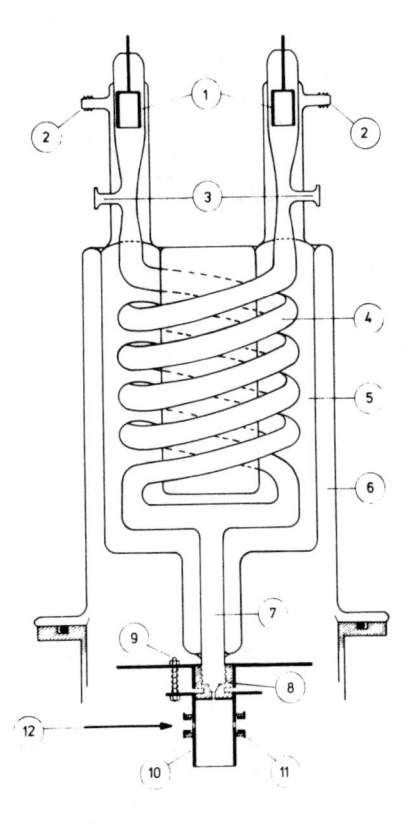

Fig. 23: Aufbau des Wood'schen Rohres
(1. Elektroden; 2. Einlaß für Kühlmittel; 3. Gaseinlaß;
4. Entladungsrohr; 5. Kühlmantel; 6. Vakuummantel;
7. Ausgangskanal; 8. Teflondüse; 9. Justierschraube;
10. Stoßzelle; 11. Ablenkplatten; 12. Ionenstrahl)

Der Übergangsbereich zwischen der Wood'schen Röhre und der eigentlichen Stoßzelle ist in größerem Detail in Fig. 24 dargestellt. Die bereits erwähnte Teflondüse wird auf das Ende des Ausgangskanals aufgeschraubt und dient gleichzeitig als Halterung für das Stoßzellenrohr. Die Unterseite der Teflondüse sowie der Kühlmantel werden durch Edelstahlbleche abgeschirmt, um eine mögliche Beeinflußung des primären Ionenstrahls zu vermeiden. Durch zwei Aperturen in dem Stoßzellenrohr wird eine optimale Überlappung des primären Ionenstrahls mit dem aus der Düse austretenden Atomstrahl gewährleistet.

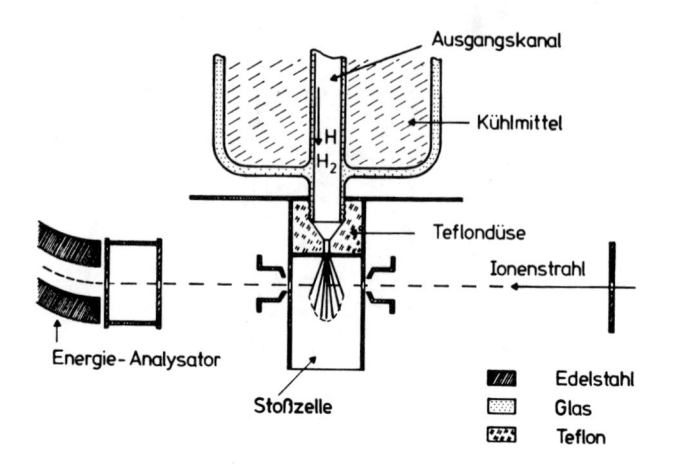

Fig. 24: Ausgangskanal des Wood'schen Rohres und
Anschluß an den Stoßzellenbereich

3.2.2.3 **Kalibrierung des Targets für atomaren Wasserstoff**

Für die Bestimmung der totalen Umladungsquerschnitte ist die Kenntnis der sogenannten Targetdicke π eine notwendige Voraussetzung. Für ein ruhendes Gastarget wird π durch folgende Beziehung definiert:

$$\pi = \int_0^l n(z) \cdot dz \quad ; \qquad (3.3)$$

hierbei bedeuten n(z) die Dichte der Targetatome in Abhängigkeit von der Strahlrichtung z. Im vorliegenden Wasserstofftarget ist die Geschwindigkeit der diffundierenden H-Atome wesentlich kleiner als die Ionenstrahlgeschwindigkeit, so daß ebenfalls Gl. (3.3) näherungsweise angewendet werden kann. Im allgemeinen Fall von gekreuzten Strahlen hingegen stellt die Bestimmung des wirksamen Reaktionsvolumens ein ernstes Problem dar.

Da im Experiment lediglich Wirkungsquerschnittsverhältnisse
für den Elektroneneinfang im atomaren und molekularen Wasserstoff bestimmt werden, ist es ausreichend - wie in Abschnitt
3.3.2 gezeigt wird - die Verhältnisse $\alpha = \pi_H^{an} / \pi_{H_2}^{an}$ (Entladung
an) und $\beta = \pi_{H_2}^{an} / \pi_{H_2}^{aus}$ zu bestimmen. Hierfür ist es notwendig,
Reaktionen zu untersuchen, deren Wirkungsquerschnitte bereits
sehr genau vermessen worden sind. Betrachten wir zunächst die
Bestimmungsmethode für das Verhältnis β. Ohne Entladung besteht
das Target aus reinem molekularen Wasserstoff, während bei eingeschalteter Entladung ein Gemisch aus atomarem und molekularem
Wasserstoff Reaktionen verursachen kann. Eine Reaktion, die im
vorliegenden Fall eine spezifische Sonde für den molekularen
Wasserstoff darstellt, ist der Zweielektroneneinfangprozeß, da
$\sigma_{z,z-2}(H) = 0$ gilt. Unter der Voraussetzung, daß Einzelstoßbedingungen vorliegen, kann das Signal der umgeladenen Ionen als
Monitor für die molekulare Targetdichte angesehen werden. Mit
Hilfe der Reaktionen

$$A^{3+} + H_2 \rightarrow A^+ + 2H^+ \text{ mit } A=Ar,Ne \qquad (3.4)$$

wurde das Verhältnis β in Abhängigkeit vom Druck im Stoßzellenrezipienten bestimmt (dies entspricht einer Druckänderung im
Entladungsrohr). Hierbei wurden die Zählraten korrigiert bezüglich der Reaktionen, die durch das Restgas im Stoßzellenbereich verursacht wurden. Außerdem war das Stoßzellenpotential
um 350 V gegenüber den übrigen Potentialen in der Laufstrecke
verschoben, so daß sekundäre Ionen, die in der Stoßzelle gebildet werden, eine Energieverschiebung um ~ 700 eV erfahren

und daher leicht im Nachweissystem von Reaktionen mit dem Restgas im Strahlführungssystem getrennt werden können. Die Werte von β sind in Fig. 25 dargestellt; es zeigt sich, daß bei brennender Entladung die molekulare Targetdicke im Stoßbereich um nahezu den Faktor 2 abnimmt.

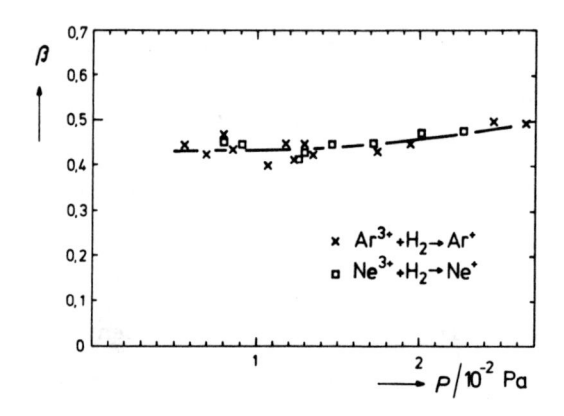

Fig. 25: Das Verhältnis $\beta = \pi_{H_2}^{an}/\pi_{H_2}^{aus}$ in Abhängigkeit vom Druck im Targetrezipienten

Zur Bestimmung des Verhältnisses α wurden die schnellen neutralen Wasserstoffatome registriert, die bei den Umladungsreaktionen von Protonen in H und H_2 gebildet werden. Die Wirkungsquerschnitte dieser Reaktionen sind über einen größeren Energiebereich gut vermessen und in Ref. [143] zusammengestellt. Die schnellen neutralen H-Atome werden in Vorwärtsrichtung mit einem Channeltron nachgewiesen (siehe Fig. 22).

Setzen wir erneut Einzelstoßbedingungen voraus, so gilt näherungsweise für die Zählraten der umgeladenen Protonen:

$$\dot{N}^{aus}(H^o) = \dot{N}_o(H^+) \cdot \pi_{H_2}^{aus} \cdot \sigma(H_2) \quad , \qquad (3.5)$$

$$\dot{N}^{an}(H^o) = \dot{N}_o(H^+) \cdot (\pi_H^{an} \sigma(H) + \pi_{H_2}^{an} \cdot \sigma(H_2)). \quad (3.6)$$

Hierbei stellt $\dot{N}_o(H^+)$ den primären Protonenstrom dar; $\sigma(H)$, $\sigma(H_2)$ sind die Umladungsquerschnitte in H und H_2, der Index "an" und "aus" gibt an, ob die Entladung in Betrieb oder abgeschaltet ist. Mit Hilfe der zuvor bestimmten Größe β läßt sich aus Gl. (3.5) und Gl. (3.6) folgende Beziehung für α herleiten:

$$\alpha = \frac{\pi_H^{an}}{\pi_{H_2}^{an}} = \frac{\sigma(H_2)}{\sigma(H)} \cdot \frac{\dot{N}^{an}(H^o) - \beta \cdot \dot{N}^{aus}(H^o)}{\beta \, \dot{N}^{aus}(H^o)} \quad . \quad (3.7)$$

Zur Bestimmung von α ist einerseits die Kenntnis der Wirkungsquerschnitte sowie des Verhältnisses β notwendig, zum anderen müssen die Zählraten der sekundären schnellen Neutralteilchen mit und ohne Entladung bestimmt werden. Zur Abtrennung der Reaktionen, die außerhalb der Stoßzelle erfolgen, wurden die Ablenkplattenpaare benutzt, die vor und hinter der Stoßzelle angebracht sind. Beim Anlegen einer Spannung (400 V) an die hinteren Ablenkplatten können im Nachweissystem nur jene Neutralteilchen gezählt werden, die in oder vor der Stoßzelle gebildet wurden; erfolgt die Strahlablenkung bereits vor der Stoßzelle, so resultieren sämtliche Neutralteilchen von Stößen mit dem Restgas in der primären Strahlführung. Aus der Differenz beider Zählraten läßt sich der Anteil der Ereignisse bestimmen, die in der Stoßzelle stattfinden. Führt man diese Differenzmessung mit und ohne Gasfüllung in der Entladungsröhre durch, so läßt sich außerdem der Beitrag des Restgases in der Stoßzelle abtrennen. In Fig. 26 ist das Verhältnis α für zwei verschiedene Kühlmitteltemperaturen in Abhängigkeit vom Rezipientendruck dargestellt. Wie zu erwarten, nimmt α mit abnehmendem Druck zu und erreicht im untersuchten Bereich einen maximalen Wert von ~4.

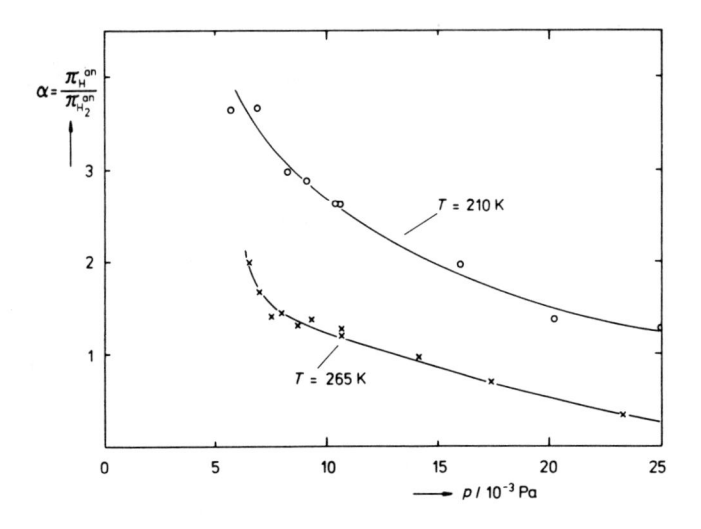

Fig. 26: Verhältnis der atomaren und molekularen Targetdicken bei brennender Entladung und unterschiedlicher Kühltemperatur

Dieser Anstieg ist darauf zurückzuführen, daß bei niedrigen Entladungsdrucken der Gasanfall in der Targetkammer besser abgepumpt werden kann, so daß rekombinierende Stöße in diesem Bereich an Bedeutung verlieren. Diese Deutung wird auch durch den Verlauf der β-Kurve in Fig. 25 bestätigt. Messungen bei verschiedenen Kühltemperaturen zeigen, daß der erzielbare Dissoziationsgrad durch rekombinierende Stöße im Ausgangskanal der Entladung begrenzt wird. Eine stärkere Kühlung sollte den Rekombinationskoeffizienten der Glaswand weiter verringern und somit zu erhöhten α-Werten führen [139].

Für einen Vergleich mit anderen, in der Literatur angegebenen Targets, ist es sinnvoll, den effektiven Dissoziationsgrad im Stoßbereich zu betrachten. Dieser läßt sich folgendermaßen definieren:

$$D = \frac{n_H^{an}/2}{n_H^{an}/2 + n_{H_2}^{an}} \simeq \frac{\pi_H^{an}}{\pi_H^{an}+2\pi_{H_2}^{an}} = \frac{\alpha}{\alpha+2} . \quad (3.8)$$

Von einigen Autoren wird eine andere Definition für den Dissoziationsgrad verwendet

$$D' = (n_H^{an}/(n_H^{an}+n_{H_2}^{an})) \simeq \alpha/(\alpha+1) \simeq 2D/(1+D), \quad (3.9)$$

was zu einem größeren Wert von D' führt.

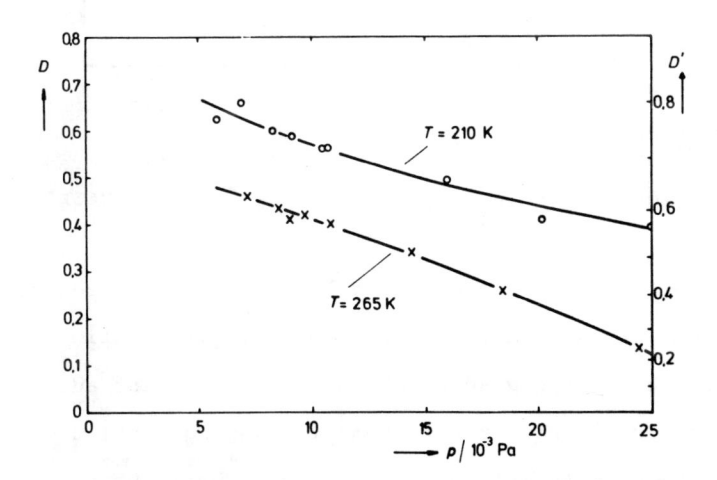

Fig. 27: Effektiver Dissoziationsgrad im Wechselwirkungsbereich in Abhängigkeit von Druck im Targetrezipienten

In Fig. 27 ist der ermittelte Dissoziationsgrad D(D') über dem Targetgasdruck aufgetragen. Wir finden, daß bei niedrigen Drukken in der Targetkammer ein Dissoziationsgrad von D ≈ 70 % (D' ≈ 83 %) erreicht wird (T = 210 K). Dieser Wert ist vergleichbar mit Angaben von Hood et al. [133]; er liegt jedoch etwas niedriger als jene Werte, die mit Hilfe von Wolframöfen erzielt werden (D ~ 95 %).

Der Einfluß der verwendeten Düsenöffnung auf die Targeteigenschaften ist ausführlich in Ref. [137] untersucht worden. In Fig. 28 ist der Dissoziationsgrad für drei verschiedene Durch-

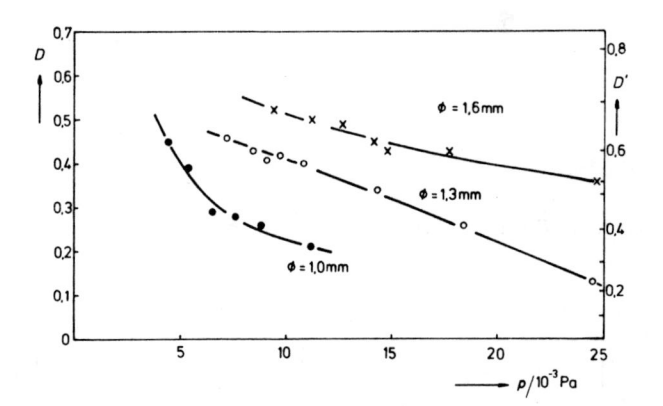

Fig. 28: Abhängigkeit des effektiven Dissoziationsgrades von der Größe der Düsenöffnung [137] (T=265K)

messer der Düsenöffnung dargestellt. Eine Analyse zeigt, daß bei festem Druck in der Targetkammer der Dissoziationsgrad mit größerer Düsenöffnung anwächst. Dieser Effekt ist auf die kürzere Verweildauer der Wasserstoffatome im Ausgangskanal und damit auf die verringerte Anzahl von Wandstößen zurückzuführen.

Allerdings führt die Vergrößerung der Ausgangsöffnung nur dann zu einer Erhöhung des maximal erreichbaren Dissoziationsgrades, wenn gleichzeitig durch eine größere Pumpleistung ein niedriger Restgasdruck in der Targetkammer erzeugt wird.

Obwohl zur Bestimmung von Wirkungsquerschnittsverhältnissen der absolute Wert der Targetdicke nicht genau bekannt sein muß, ist es dennoch notwendig, die Targetdicke abzuschätzen, um sich von der Einhaltung der Einzelstoßbedingung zu überzeugen. Dies war einerseits möglich über die Druckmessung in der Targetkammer, andererseits konnten Umladungsreaktionen, deren Wirkungsquerschnitte bereits bekannt sind, als Kalibrierungsreaktionen benutzt werden. Beide Methoden lieferten, abhängig von dem Gasdruck in der Entladung, Werte für die Targetdicken zwischen $5 \times 10^{12}/cm^2$ und einigen $10^{13}/cm^2$. Um Mehrfachstöße auszuschließen, wurde die Mehrzahl der Messungen bei Targetdicken unterhalb $1 \times 10^{13}/cm^2$ durchgeführt. Bei Reaktionen, die einen kleinen Wirkungsquerschnitt besitzen, wurden Messungen bei verschiedenen Gasdrucken durchgeführt, um die Gültigkeit der Kalibrierungskurven (Fig. 25 und Fig. 26) zu überprüfen.

3.2.3 Die Nachweiseinheit

Mit Hilfe der Nachweissysteme, die in Fig. 17 schematisch dargestellt sind, können einerseits die umgeladenen Projektilionen bezüglich ihrer Ladung, ihrer kinetischen Energie und hinsichtlich des Streuwinkels analysiert werden, andererseits können auch langsame Targetionen extrahiert und einer entsprechenden Analyse zugeführt werden. Beide Systeme werden ausführlich in Ref. [119] und Ref. [103] beschrieben.

An dieser Stelle sollen vor allem zwei Probleme besprochen werden, die bei der Bestimmung von Wirkungsquerschnitten eine wesentliche Rolle spielen. Zum einen stellt sich die Frage nach einer Abhängigkeit der Nachweiswahrscheinlichkeit von der auftreffenden Ionensorte, zum anderen ist insbesondere bei der Bestimmung partieller Wirkungsquerschnitte eine zuverlässige Kalibrierung des verwendeten Energieanalysators von großer Bedeutung.

Die Wirkungsweise eines Zylinderkondensators als Energiefilter ist in der Literatur recht ausführlich behandelt worden [144-148]. Wird ein Ionenstrahl mit der kinetischen Energie E in das Feld eines Zylinderkondensators geschossen, so können die Ionen bei geeigneter Feldstärke, d. h. bei geeigneter Spannung U_p zwischen den Kondensatorplatten, das System durch einen Ausgangsspalt verlassen. Damit sich die Ionen auf der zentralen "Sollbahn" bewegen und somit das Filter passieren können, muß folgende Beziehung erfüllt sein:

$$E = z \cdot c_1 \cdot U_p + c_2 \, . \qquad (3.10)$$

Die Größe c_1 ist die sogenannte Analysatorkonstante, die durch die geometrischen Abmessungen des Zylinderkondensators bestimmt ist, die Korrekturgröße c_2 berücksichtigt mögliche Dejustierungen eines realen Kondensators. Die Güte der Energiebestimmung hängt damit vor allem von der Genauigkeit ab, mit der die Konstanten c_1 und c_2 durch das Experiment festgelegt werden können.

Zur Bestimmung der Analysatorkonstanten c_1 wird ein Ionenstrahl, bevor er das Energiefilter erreicht, um feste Energiebeträge abgebremst oder beschleunigt. Aus den Spannungsänderungen ΔU_p, die notwendig sind, um den Strahl erneut das Filter passieren zu lassen, kann sofort die Größe c_1 abgeleitet werden. Diese Messungen wurden für verschiedene Ladungszustände der Projektilionen durchgeführt.

Zur eindeutigen Festlegung der Konstanten c_2 muß ein Ionenstrahl verwendet werden, dessen kinetische Energie möglichst genau bekannt ist. Werden Ionen aus einer Quelle extrahiert, so ist ihre kinetische Energie wegen des meist unbekannten Potentialverlaufes am Ort der Extraktion nicht genau definiert, so daß ein solcher Strahl sich nicht zur Kalibrierung eignet. Es wurden deshalb zwei andere Methoden zur Bestimmung von c_2 angewandt:

1.) Aus der Abbremskurve eines Gegenfeldananlysators [146] wurde die "wahre" Energie des Ionenstrahl bestimmt, der den Zylinderkondensator bereits bei einer festen Spannung U_p durchlaufen hatte. Diese Messung wurde für verschiedene Projektilladungen z durchgeführt.

2.) Einzelne Umladungsreaktionen ($z \leq 3$), deren Energiedefekte ΔE bereits genau vermessen sind und die eindeutig mit dem

Elektroneneinfang in spezifische atomare Niveaus erklärt werden können, wurden als Kalibrierungsreaktionen herangezogen. Die Größe c_2 wurde solange variiert, bis bei verschiedenen Stoßenergien eine Übereinstimmung in den ΔE-Werten erzielt werden konnte.

Mit beiden Methoden ergab sich für den Zylinderkondensator, der für die Energieverlustmessungen benutzt wurde, folgende Beziehung [103]:

$$E/eV = z \cdot \{ 6{,}33563 \cdot (U_p/V) - 0{,}9 \} \ . \quad (3.11)$$

Zum eigentlichen Nachweis werden die Ionen auf die Kathode eines offenen Sekundärelektronenvervielfachers [149] geschickt; die an der letzten Dynode abgegriffenen Impulse werden verstärkt und in einer normalen Zählelektronik weiterverarbeitet. Die Nachweiswahrscheinlichkeit einzelner Ionen wird daher im wesentlichen von der Sekundärelektronenauslösung an der 1. Dynode abhängen. Beim Aufprall hochenergetischer Ionen ($E \geq 4$ keV) wird die Elektronenauslösung durch die sogenannte kinetische Emission verursacht, der Ladungszustand der Projektile sollte daher keine große Rolle spielen [105], zumal bei diesen Stoßenergien die Nachweiswahrscheinlichkeit ~ 1 beträgt. Bei Stoßenergien unterhalb von 2 keV sinkt die Nachweiswahrscheinlichkeit stark ab ($< 0{,}6$), die "Potentialemission" ist nun der dominierende Prozeß, so daß höher geladene Projektile beim Nachweis bevorzugt sein sollten. Bei der Untersuchung von niederenergetischen Umladungsprozessen wurde daher eine Nachbeschleunigung der Ionen durchgeführt, bevor diese auf der Kathode des SEV auftrafen. Bei hohen Stoßgeschwindigkeiten erfolgte keine Nachbeschleunigung; da beim Elektroneneinfang nur wenig Impuls ausgetauscht wird, besitzen beide nachzuweisenden Teilchen ungefähr dieselbe Energie.

Bei der Messung der langsamen Targetionen wird die Nachweiswahrscheinlichkeit zusätzlich durch die Transmissionseigenschaften des Massenfilters [150] beeinflußt. Da in den vorliegenden Experimenten jedoch nur einfach geladene, langsame Ionen (H^+, H_2^+) registriert wurden, sollte der Einfluß gering sein, zumal keine hohe Auflösung des Massenfilters erforderlich war. Die Abhängigkeit der Nachweiswahrscheinlichkeit von der Ionenmasse wurde in Ref. [119] untersucht.

3.3 Meßprinzip und Fehlerquellen

3.3.1 Bestimmung der differentiellen und totalen Wirkungsquerschnitte für den Elektroneneinfang

Mit Hilfe der in Fig. 17 dargestellten Stoßapparatur lassen sich prinzipiell über die Winkel- und Energieanalyse der Reaktionsprodukte die doppelt differentiellen Wirkungsquerschnitte ($\partial^2 \sigma_{z,z-m}/\partial\Omega \cdot \partial E$) bestimmen. Die Indizes z und $z-m$ sollen den Ladungszustand des Projektilions vor und nach dem Stoß charakterisieren. Für die Bestimmung ist die Aufnahme der Energieverteilungen der sekundären Ionen in Abhängigkeit vom Streuwinkel sowie ein Vergleich der Zählraten der primären und sekundären Ionen notwendig. Außerdem muß eine Korrektur der Zählraten bezüglich der Änderung des Reaktionsvolumens mit dem Streuwinkel durchgeführt werden. Zur Bestimmung absoluter Wirkungsquerschnitte kann eine Kalibrierung der Streuapparatur durch die Messung bereits bekannter differentieller Wirkungsquerschnitte vorgenommen werden; eine ausführliche Beschreibung der Methode ist in Ref. [119] wiedergegeben.

Ausgehend von den doppelt differentiellen Wirkungsquerschnitten können einerseits durch Integration über den Streuwinkel θ partielle Wirkungsquerschnitte

$$\frac{\partial \sigma_{z,z-m}}{\partial E} = 2\pi \int \frac{\partial^2 \sigma_{z,z-m}}{\partial\Omega \cdot \partial E} \cdot \sin\theta \, d\theta \qquad (3.12)$$

bestimmt werden, die Information über die Bedeutung einzelner

Reaktionskanäle und ihre Beiträge zum totalen Wirkungsquerschnitt liefern. Wird andererseits zunächst eine Integration über das gemessene Energiespektrum durchgeführt, so erhält man mit

$$\frac{\partial \sigma_{z,z-m}}{\partial \Omega} = \int \frac{\partial^2 \sigma_{z,z-m}}{\partial \Omega \cdot \partial E} \, dE \qquad (3.13)$$

einen differentiellen Wirkungsquerschnitt, der Aussagen über Stoßparameterbereiche liefern kann, die für den Umladungsprozeß große Beiträge liefern.

Wird schließlich eine Integration über den Streuwinkel und über die kinetische Energie durchgeführt, so erhält man den totalen Wirkungsquerschnitt für den Übergang vom Ladungszustand z in den Ladungszustand z-m:

$$\sigma_{z,z-m} = 2\pi \iint \frac{\partial^2 \sigma_{z,z-m}}{\partial \Omega \cdot \partial E} \cdot \sin\theta \cdot d\theta \cdot dE. \qquad (3.14)$$

Zum Vergleich mit einigen Theorien (siehe Tunnel- und Absorptionsmodell) ist es notwendig, die Wirkungsquerschnitte für verschiedene Einfangprozesse zu addieren. Die Größe σ_z

$$\sigma_z = \sum_m \sigma_{z,z-m} \qquad (3.15)$$

ist ein Querschnitt für die Änderung der Projektilladung durch Elektroneneinfangprozesse, sie stellt den "eigentlichen" totalen Wirkungsquerschnitt dar.

Die soeben beschriebene, relativ komplizierte Methode zur
Gewinnung von totalen Wirkungsquerschnitten ist lediglich bei
sehr niedrigen Geschwindigkeiten und für kleine Ladungszahlen
(z = 2) durchgeführt worden.

Wird die Ladungszahl der Projektile erhöht, so erfolgt der Elektroneneinfang vornehmlich bei solch großen Kernabständen, daß
die Streuwinkel, unter denen die umgeladenen Ionen die Stoßzelle verlassen, innerhalb der Winkelakzeptanz des Nachweissystems liegen. Wird die Umladung beim Stoß schwerer Projektilionen in leichten Targetgasen untersucht, so liefert die Kinematik bereits sehr kleine maximale Ablenkwinkel der Projektilionen im Laborsystem. In solchen Fällen, in denen sämtliche
Reaktionsprodukte bei einem Nachweiswinkel von $0°$ von der Nachweiseinheit erfaßt werden, ergibt sich aus den Zählraten der
primären und sekundären Ionen direkt der partielle Wirkungsquerschnitt ($\partial \sigma_{z,z-m}/\partial E$).

Eine weitere Vereinfachung ergibt sich bei hohen Stoßenergien.
Hier wird die Form des gemessenen Energiespektrums der umgeladenen Ionen bestimmt durch die begrenzte Auflösung des Energieanalysators. Ist der Unterschied der bei dem Prozeß auftretenden ΔE-Werte klein gegenüber der Bandbreite des Energiefilters,
so werden die gemessenen Energieverteilungen der primären und
sekundären Ionen im wesentlichen durch die Transmissionskurve
des Analysators dargestellt. Aus den Zählratenverhältnissen
bei $\theta = 0°$ lassen sich dann in guter Näherung die totalen Wir-

kungsquerschnitte $\sigma_{z,z-m}$ ableiten. Der Zylinderkondensator wirkt nun lediglich als Selektor für verschiedene Ladungszustände der Projektilionen.

Für den zuletzt beschriebenen Fall wollen wir im folgenden kurz die Bestimmung von $\sigma_{z,z-m}$ erläutern. Betrachtet werde ein ruhendes Targetgas der Länge l und der Teilchendichte n. Setzen wir voraus, daß Einzelstoßbedingungen vorliegen und berücksichtigen wir lediglich Ein- und Zweielektroneneinfangprozesse (für die Targetgase H, H_2 und He stellt diese Annahme keine Einschränkung dar), so können die Teilchenströme in den verschiedenen Ladungszuständen durch folgende Gleichungen beschrieben werden:

$$\dot{N}_z(l) = \dot{N}_z(o) \cdot \exp\{-(\sigma_{z,z-1} + \sigma_{z,z-2}) \cdot n \cdot l\}, \quad (3.16)$$

$$\dot{N}_{z-1}(l) = \dot{N}_z(o) \cdot \{\sigma_{z,z-1}/(\sigma_{z,z-1} + \sigma_{z,z-2})\}$$
$$\cdot \{1 - \exp(-nl(\sigma_{z,z-1} + \sigma_{z,z-2}))\} \quad (3.17)$$

$$\dot{N}_{z-2}(l) = \dot{N}_z(o) \cdot \{\sigma_{z,z-2}/(\sigma_{z,z-1} + \sigma_{z,z-2})\}$$
$$\{1 - \exp(-n \cdot l(\sigma_{z,z-1} + \sigma_{z,z-2}))\} . \quad (3.18)$$

Bezeichnen wir die Verhältnisse $\dot{N}_{z-1}(l)/\dot{N}_z(l)$ mit n_{z-1} und analog $\dot{N}_{z-2}(l)/\dot{N}_z(l)$ durch n_{z-2}, so ergibt sich für die Wirkungsquerschnitte:

$$\sigma_{z,z-1} = \ln(1+n_{z-1}+n_{z-2})/(n \cdot l \cdot (1+(n_{z-2}/n_{z-1}))), \quad (3.19)$$

$$\sigma_{z,z-2} = \sigma_{z,z-1} \cdot n_{z-2} / n_{z-1} \quad (3.20)$$

Für den Spezialfall $\sigma_{z,z-2} \ll \sigma_{z,z-1}$ ergeben sich unter Berücksichtigung der Einzelstoßbedingung ($\sigma_{z,z-1} \cdot n\,l \ll 1$, d. h. die mittlere freie Weglänge $\lambda = 1/n \cdot \sigma_{z,z-1} \gg l$) folgende Näherungsformeln:

$$\sigma_{z,z-1} \simeq (n \cdot l)^{-1} \cdot \dot{N}_{z-1}(l)/\dot{N}_z(l) = \eta_{z-1}/n \cdot l \quad . \quad (3.21)$$

$$\sigma_{z,z-2} \simeq (n \cdot l)^{-1} \cdot \dot{N}_{z-2}(l)/\dot{N}_z(l) = \eta_{z-2}/n \cdot l \quad . \quad (3.22)$$

Im Experiment müssen daher die Verhältnisse der Teilchenströme der primären und sekundären Ionen bestimmt werden. Unerwünschte Reaktionsprodukte, die von Stößen mit dem Restgas vor und in der Stoßzelle herrühren, können durch Verschieben des Stoßzellenpotentials sowie durch Messung mit und ohne Gasbeschickung der Stoßzelle separiert werden.

3.3.2 Bestimmung von Umladungsquerschnitten in atomarem Wasserstoff

Bei der Bestimmung von Elektroneneinfangquerschnitten in atomarem Wasserstoff tritt das Problem auf, daß gleichzeitig auch Umladungsreaktionen mit dem simultan vorhandenen molekularen Wasserstoff erfolgen. Das im folgenden beschriebene Verfahren bestimmt das Verhältnis der entsprechenden Wirkungsquerschnitte

$\sigma_{z,z-1}$ (H) / $\sigma_{z,z-1}$ (H$_2$); es besitzt den Vorteil, daß die genaue Kenntnis der Targetdicken nicht erforderlich ist, sofern die Einzelstoßbedingung erfüllt ist. $\sigma_{z,z-1}$ (H$_2$) wird in einer separaten Messung absolut bestimmt.

Das Verhältnis der Wirkungsquerschnitte wurde mit der in Fig. 22 dargestellten Apparatur gemessen. Für den Fall eines dünnen Targets können die Teilchenströme der umgeladenen Ionen mit aus- und eingeschalteter Entladung folgendermaßen dargestellt werden:

$$\dot{N}^{aus}_{z-1} = \dot{N}_z(o) \cdot \pi^{aus}_{H_2} \cdot \sigma_{z,z-1}(H_2) \quad , \quad (3.23)$$

$$\dot{N}^{an}_{z-1} = \dot{N}_z(o) \cdot \{ \pi^{an}_H \cdot \sigma_{z,z-1}(H) + \pi^{an}_{H_2} \cdot \sigma_{z,z-1}(H_2) \}. \quad (3.24)$$

Hierbei sind $\sigma_{z,z-1}$(H), $\sigma_{z,z-1}$(H$_2$) die Elektroneneinfangquerschnitte in H und H$_2$, $\dot{N}_z(o)$ der Teilchenstrom der primären Ionen; die Targetdicken mit und ohne Entladung werden durch π^{an}_H, $\pi^{an}_{H_2}$ und $\pi^{aus}_{H_2}$ angegeben. Zusammen mit den in Abschnitt 3.2.2.3 definierten Größen α und β ergibt sich aus Gl. (3.23) und Gl. (3.24):

$$\frac{\sigma_{z,z-1}(H)}{\sigma_{z,z-1}(H_2)} = \frac{1}{\alpha \cdot \beta} \left[\frac{\dot{N}^{an}_{z-1}}{\dot{N}^{aus}_{z-1}} - \beta \right] . \quad (3.25)$$

Der Vorteil dieser Bestimmungsmethode liegt darin, daß ein Zählratenverhältnis identischer Teilchen mit und ohne Entladung gemessen werden muß. Da außerdem beide Zählraten von vergleichbarer Größe sind, sollten keine Unterschiede in der Nachweiswahrscheinlichkeit auftreten. Damit die Stoßzellenlänge mit der bei der Kalibrierungsmessung definierten Länge übereinstimmt, wurde das Stoßzellenrohr sowie das vordere Ablenkplattenpaar auf dasselbe, verschobene elektrische Potential gelegt. Um außerdem sicherzustellen, daß sämtliche umgeladenen Ionen das Nachweissystem erreichen, war der Einbau größerer Blenden (⌀ = 3 mm) im Analysatorteil notwendig. Dadurch erübrigte sich eine Integration über die Energieverteilung der umgeladenen Ionen, da das Auflösungsvermögen des Analysators stark herabgesetzt wurde.

3.3.3 Identifizierung der Reaktionskanäle

Zur Klärung der Frage, welche Reaktionskanäle für den Umladungsprozeß von entscheidender Bedeutung sind, ist es notwendig, den Energiedefekt der Reaktion zu bestimmen. Bezeichnen wir die innere Energie der atomaren Systeme mit U_P bzw. U_T, so ist der Energiedefekt ΔE durch folgende Gleichung definiert:

$$\Delta E = (U_P + U_T) - (U_P' + U_T') . \qquad (3.26)$$

Die Indizes P und T kennzeichnen das Projektil und das Targetatom; die gestrichenen Größen sollen die Systeme nach dem Stoß beschreiben. Bei exothermen Reaktionen ($\Delta E > 0$) wird der Energiebetrag ΔE von innerer Energie in kinetische Energie der Kerne überführt. Nehmen wir an, daß sich beide Teilchen vor dem Stoß im elektronischen Grundzustand befinden (siehe hierzu auch Abschnitt 3.2.1), so sind U_P und U_T bekannt, und eine Messung von ΔE ermöglicht die Festlegung der elektronischen Zustände im Ausgangskanal.

Mit Hilfe der Energieverlustspektroskopie ist es möglich, eine Bestimmung von ΔE durchzuführen. Befindet sich das Targetatom vor dem Stoß in Ruhe ($E_T = 0$), so gilt entsprechend der Energieerhaltung:

$$E_P + \Delta E = E_P' + E_T' \quad . \qquad (3.27)$$

Hiernach kann ΔE bestimmt werden, wenn die kinetischen Energien des Projektilions (E_P) sowie beider Sekundärteilchen (E_P', E_T') gemessen werden. Unter Verwendung des Erhaltungssatzes für den Impuls läßt sich jedoch E_T' durch den Streuwinkel θ des Projektilions ersetzen. Eine einfache kinematische Rechnung führt bei θ = 0° zu folgender Beziehung [119]:

$$E_P' = E_P \cdot \frac{M_P^2}{(M_P+M_T)^2} \cdot \left(1 + \frac{M_T}{M_P}\left\{1 + \frac{\Delta E}{E_O}\right\}^{1/2}\right)^2 . \qquad (3.28)$$

Hierbei bedeuten M_P und M_T die Massen des Projektil- bzw. Targetteilchens; E_O kennzeichnet die Stoßenergie im Schwerpunktsystem und ist gegeben durch $E_O = E_P \cdot M_T/(M_P + M_T)$. Die Auflösung von Gl. (3.28) nach ΔE ergibt:

$$\Delta E = (1 + \frac{M_P}{M_T}) E_P' - (1 - \frac{M_P}{M_T}) E_p - 2 \frac{M_P}{M_T} (E_P \cdot E_P')^{1/2}$$

(3.29)

Dies ist die Bestimmungsgleichung für den Energiedefekt der Reaktion. Betrachten wir den Fall großer Stoßenergien im Schwerpunktsystem, d. h. $\Delta E \ll E_o$, dann läßt sich die Quadratwurzel in Gl. (3.28) entwickeln und wir erhalten die einfache Näherungsformel:

$$E_P' = E_P + \Delta E \quad .$$

(3.30)

Beim Nachweis des Projektilions in Vorwärtsrichtung kommt somit fast der gesamte Energiedefekt ΔE der kinetischen Energie des Projektilions zu Gute bzw. wird seiner kinetischen Energie entzogen. Dieser kinematische Effekt wird durch die Transformation des Stoßprozesses vom Schwerpunktsystem in das Laborsystem hervorgerufen.

3.3.4 Diskussion der Meßfehler

Die Genauigkeit der totalen Elektroneneinfangquerschnitte hängt im wesentlichen von der Präzision ab, mit welcher die Targetdicke π sowie das Verhältnis der primären und sekundären Teilchenströme bestimmt werden kann (Gl. (3.21)). Zur Festlegung der Targetdicke muß einerseits die Gasdichte in der Stoßzelle und andererseits ihre effektive Länge gemessen werden. Berücksichtigt man die gute Reproduzierbarkeit des verwendeten Ionisationsmanometers sowie die Genauigkeit der regelmäßig durchgeführten Kalibrierungsmessungen, so läßt sich für die Unsicherheit der Targetdicke ein systematischer Fehler von ca. 7 % angeben. Die statistischen Fehler des Zählratenverhältnisses sind abhängig von der Ladungszahl des Projektilions. Für niedrige z-Werte stellt die Ionenquelle zwar hohe Teilchenströme zur Verfügung, jedoch sind die Reaktionsquerschnitte und damit Zählraten der sekundären Ionen relativ klein. Bei hohen z-Werten nimmt der Primärstrom stark ab, so daß selbst bei den großen Wirkungsquerschnitten in diesen Systemen die Messung der sekundären Ionen ein Problem darstellt. Eine weitere Verschlechterung tritt bei der Reduzierung der Stoßenergie ein, da hiermit ebenfalls eine Abnahme der Teilchenströme verbunden ist. Der statistische Fehler kann daher je nach untersuchtem System Werte zwischen 5 % und 20 % annehmen. Bei der Bestimmung des Wirkungsquerschnittsverhältnisses in atomarem und molekularem Wasserstoff gehen vor allem die Fehler der Targetdickenkoeffizienten α und β ein. Während β relativ genau bestimmt werden kann (~5 %), ergibt sich für α ein absoluter Fehler von $\approx$ 15 %, der zum großen Teil durch die bei der Kalibrierung benötigten Wirkungsquerschnittswerte (siehe Gl. (3.7)) verursacht wird. Der systematische Fehler des Verhältnisses $\sigma_{z,z-1}(H)/\sigma_{z,z-1}(H_2)$, der durch α und β hervorgerufen wird, liegt daher in der Größenordnung von 20 - 25 %. Der statistische Fehler ist demgegenüber mit 5 - 10 % anzugeben.

Wird das Wirkungsquerschnittsverhältnis allerdings sehr viel kleiner als 1 (dies ist bei z = 2 möglich), so kann der Differenzterm in Gl. (3.25) zu weitaus größeren Fehlern führen. Insgesamt läßt sich für die Elektroneneinfangquerschnitte in atomarem Wasserstoff ein Gesamtfehler von 35 % bis 50 % abschätzen.

Bei der Bestimmung der Energiedefekte ΔE der untersuchten Reaktionen stellen die Koeffizienten c_1 und c_2 in Gl. (3.10) die hauptsächliche Fehlerquelle dar. Diese systematischen Fehler führen dazu, daß bei einer Strahlenergie von z. B. 2 keV eine Festlegung des Energiedefektes ΔE nur mit einer Genauigkeit von 2-3 eV durchgeführt werden kann. Bei niedrigen Zählraten erhöht sich dieser Wert auf ca. 5 eV durch den Beitrag der statistischen Fehler. Weitere mögliche systematische Fehler, die über einen längeren Zeitraum durch mögliche Aufladungseffekte entstehen können, wurden durch eine mehrmalige Wiederholung der Kalibrierung des Energieanalysators eliminiert.

4. Diskussion der Meßergebnisse

Im ersten Teil dieses Abschnittes sollen zunächst einige typische Beispiele der gemessenen totalen Elektroneneinfangquerschnitte dargestellt und die Ergebnisse der Energieverlustmessungen diskutiert werden. Ausgehend von den erzielten Resultaten wollen wir anschließend versuchen, an Hand eines einfachen Potentialkurvenschemas das Verhalten der gemessenen Wirkungsquerschnitte qualitativ zu beschreiben. Im Abschnitt 4.4 wird ein Vergleich der experimentellen Ergebnisse mit verschiedenen Theorien und falls möglich mit den Meßdaten anderer Experimentatoren durchgeführt. Im Anschluß daran soll die Frage der Skalierung der Wirkungsquerschnitte untersucht und die im Experiment gefundenen Oszillationen in der z-Abhängigkeit der Wirkungsquerschnitte diskutiert werden. In den restlichen Abschnitten wollen wir eine Analyse der untersuchten Mehrelektronenaustauschprozesse sowie des Elektroneneinfangs in atomarem Wasserstoff vornehmen und einige Besonderheiten in Systemen mit niedrigen Projektilladungen betrachten.

4.1 Charakteristische Eigenschaften der Elektroneneinfangquerschnitte

Für eine große Anzahl von Stoßsystemen haben wir totale Wirkungsquerschnitte für den Elektroneneinfang in dem Energiebereich von $(0,5 \cdot z)$ keV bis $(2,5 \cdot z)$ keV gemessen. Die Mehrzahl der Daten wurde somit bei Energien unterhalb 15 keV gewonnen, einem niederenergetischen Bereich, der für $z \geq 3$ in den bisherigen Experimenten nur wenig untersucht wurde. In allerletzter Zeit sind einige Experimente bei vergleichbaren Energien durchgeführt worden [151,152]. Der Parameter, der für den Elektroneneinfang von entscheidender Bedeutung ist, ist nicht so sehr die Projektilenergie als vielmehr die Relativgeschwindigkeit beider Stoßpartner (siehe Abschnitt 2). Es sei denn, die Energie im Schwerpunktsystem ist bereits so klein, daß endotherme Umladungsreaktionen aus energetischen Gründen nicht mehr möglich sind. Um bei den vorgegebenen Beschleunigungsspannungen der Apparatur in den Bereich möglichst niedriger Stoßgeschwindigkeiten vorzudringen, haben wir unter anderem sehr schwere Projektilionen in die Messungen mit einbezogen. Auf diese Weise konnten Wirkungsquerschnitte bei Geschwindigkeiten von $v = 2 \times 10^6$ cms^{-1} $\simeq$ 0,01 v_o bestimmt werden. Im Falle leichter Projektilionen (z. B. C^{z+}) entspricht dieser Geschwindigkeitswert einer Stoßenergie im eV-Bereich (~70 eV). Die untersuchten Systeme sind in der Tabelle AI im Anhang zusammengestellt worden.

Für die Auswahl der Projektilionen waren verschiedene Gesichtspunkte entscheidend. Bei der Verwendung von Gasen sollten die Atome leicht ionisierbar sein und somit in einfacher Weise die Erzeugung mehrfach geladener Ionen erlauben. Bei Elementen, die zunächst in einem Ofen verdampft werden müssen, spielt die thermische Belastbarkeit der Quelle eine große Rolle [108].

Um den Einfluß von Projektilstrukturen auf den Verlauf der Wirkungsquerschnitte untersuchen zu können, wurden im Periodensystem benachbarte Elemente ausgesucht, die bei verschiedenen Ladungszahlen isoelektronische Eigenschaften besitzen. Außerdem wurden Elemente ausgewählt, die innerhalb des erzielbaren Ladungszahlenbereiches die Erzeugung von Projektilionen mit einer abgeschlossenen äußeren Schale, einer fast gefüllten Schale, sowie einer nur schwach besetzten äußeren Schale ermöglichen. Dadurch konnte die Existenz von sogenannten "Schaleneffekten" im Wirkungsquerschnittsverlauf überprüft werden (siehe Abschnitt 4.6).

Ausgehend von diesen Überlegungen wurden für die Erzeugung der Projektilionen folgende Elemente ausgewählt: verschiedene Edelgase (Ne, Ar, Kr, Xe), die schweren Elemente Cs, Pb und Bi, sowie die leichteren Elemente Al und Mg. Der Bereich der Ladungszahlen z ist abhängig von der Wahl des Elementes sowie von den Betriebsbedingungen in der Quelle; der maximal erreichbare z-Wert schwankt je nach Element zwischen 5 und 8.

Für die Auswahl der Targetgase war ihre Relevanz für verschiedene Anwendungsbereiche von besonderer Bedeutung. Die meisten Experimente wurden daher mit H, H_2 und He (astrophysikalische Plasmen, Fusionsplasmen) durchgeführt. Die Verwendung dieser Targets hat außerdem den Vorteil, daß der Stoßprozeß einfacher zu beschreiben ist, da die maximale Anzahl der übertragbaren Elektronen nur 1 bzw. 2 beträgt.

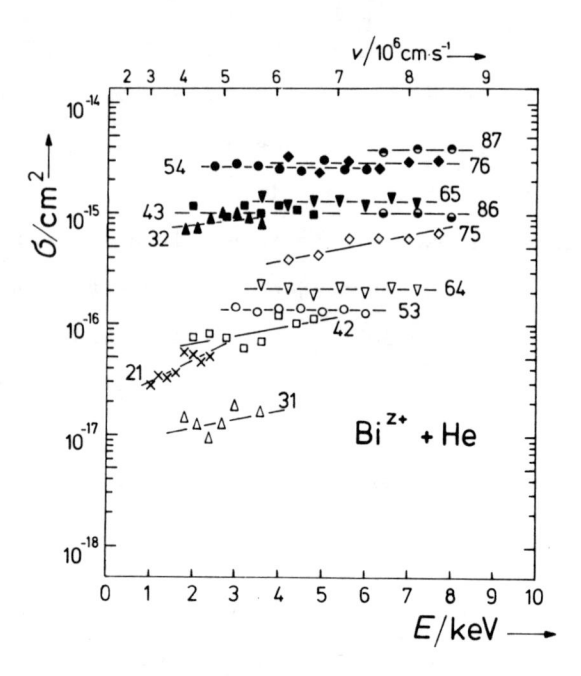

Fig. 29: Wirkungsquerschnitte für den Elektroneneinfang im Stoßsystem Bi^{z+} + He [107]

Für vier verschiedene Systeme, die als typische Beispiele herausgegriffen wurden, sind die gemessenen totalen Elektroneneinfangquerschnitte in Fig. 29 bis Fig. 32 in Abhängigkeit von der Stoßenergie dargestellt. Das angegebene Zahlenpaar an den einzelnen Kurven bzw. die Indizes der Wirkungsquerschnitte kennzeichnen die Projektilladung vor und nach dem Stoß. Trotz der starken Unterschiede der ausgewählten Projektile und Targets (unterschiedliche Projektilmasse, atomare und molekulare Targets mit 1,2 und vielen Elektronen) zeigen die Wirkungsquerschnitte in den verschiedenen Systemen viele Gemeinsamkeiten hinsichtlich ihrer Größe und ihres Verlaufes. Beide Eigenschaften sind stark von der Projektilladung z abhängig.

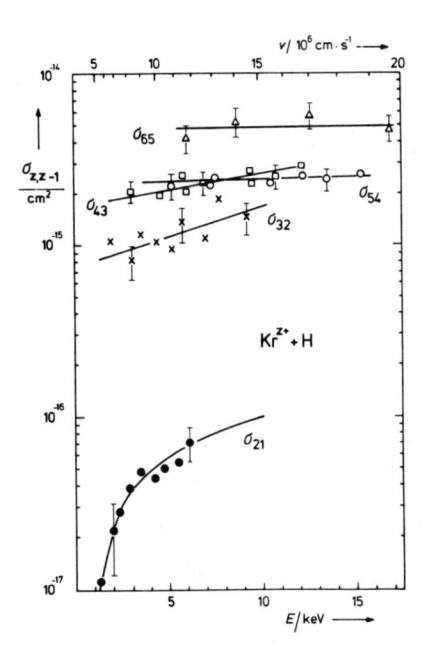

Fig. 30: Wirkungsquerschnitte für den Elektroneneinfang in den Systemen: Kr^{z+} + H

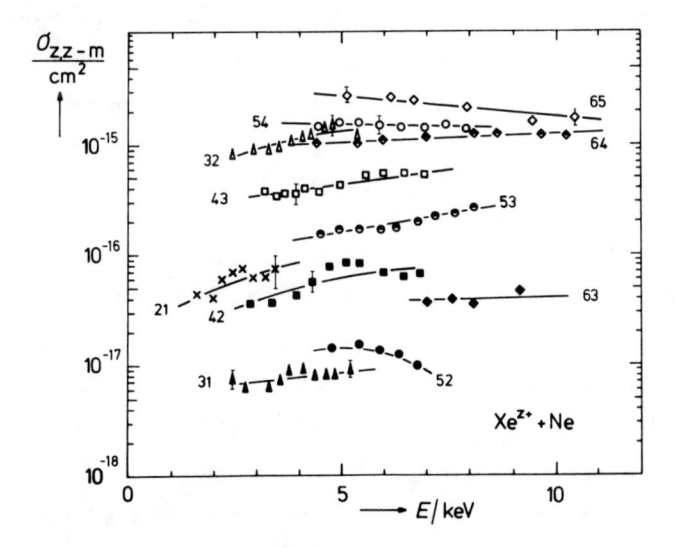

Fig. 31: Wirkungsquerschnitte für den Elektroneneinfang in den Systemen: Xe^{z+} + Ne

Im vorliegenden Geschwindigkeitsbereich ist der Wirkungsquerschnitt für z = 2 relativ klein ($\sim 10^{-16}$ cm^2) und nimmt stark mit der Stoßenergie zu. Erhöhen wir die Projektilladung, so wachsen die Wirkungsquerschnitte an und verlieren allmählich ihre Energieabhängigkeit. Im Bereich niedriger Ladungszahlen können sich die Wirkungsquerschnittswerte benachbarter z-Werte drastisch unterscheiden; ein extremes Beispiel stellt das System Cs^{z+} + He dar, in dem $\sigma_{32} \simeq 10^3 \cdot \sigma_{21}$ gemessen wurde. Im Bereich höherer Ladungszahlen wird der Anstieg mit z allmählich flacher. Die Energieunabhängigkeit der Wirkungsquerschnitte in diesem Bereich ist in guter Übereinstimmung mit experimentellen Ergebnissen bei höheren Energien [1].

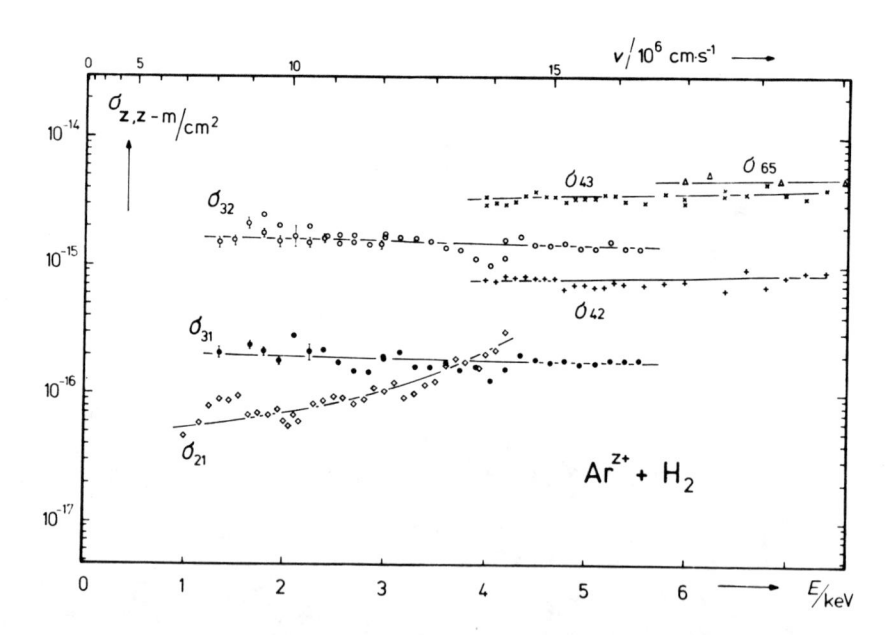

Fig. 32: Elektroneneinfangquerschnitte für mehrfachgeladene Ar-Ionen in molekularem Wasserstoff [104]

Betrachten wir die Größe der Wirkungsquerschnitte für ein bestimmtes Projektilion, charakterisiert durch die Ladungszahl z, so finden wir eine starke Abhängigkeit von den Eigenschaften des Targets. In Tabelle 1 sind für z = 6 die Wirkungsquerschnitte für den Elektroneneinfang in verschiedenen Targets zusammengefaßt. Es zeigt sich, daß die Wirkungsquerschnitte mit wachsender Bindungsenergie des zu transferierenden Elektrons, I_B, abnehmen. Die Größe der Wirkungsquerschnitte wird somit im wesentlichen durch z und I_B bestimmt; diese Abhängigkeit, die auch von der Theorie gefordert wird, soll näher im Abschnitt 4.5 behandelt werden.

Tabelle I: Elektroneneinfangquerschnitte $\sigma_{6,5}$ (aus Fig. 29 - 32) für verschiedene Targets.

Target	Bindungsenergie I_B/eV	$\sigma_{6,5}$ / 10^{-15} cm^2
H	13,598	5,3
H_2	15,4 (ν'=o)	5,1
N_e	21,564	2-3
He	24,587	1,3

In den Figuren 29 bis 31 sind ebenfalls Wirkungsquerschnitte für den Einfang von zwei bzw. von drei Elektronen dargestellt. Prinzipiell zeigen sie ähnliche Abhängigkeiten von der Ladungszahl z und von I_B wie die Wirkungsquerschnitte für den Einelektronentransfer, allerdings ist ihre absolute Größe im allgemeinen kleiner. Die Unterschiede sind um so größer, je niedriger die Ladungszahl z gewählt wird. Während $\sigma_{z,z-1}$ und $\sigma_{z,z-2}$ in einzelnen Systemen die gleiche Größenordnung erreichen können, liegen die Werte von $\sigma_{z,z-3}$ stets wesentlich unter denen von $\sigma_{z,z-1}$.

Für ein besseres Verständnis des gefundenen Verhaltens ist es hilfreich, eine Analyse der Energieverlustmessungen in diesen Systemen durchzuführen. Wir wollen dabei versuchen, Kriterien dafür aufzustellen, wann eine Reaktion mit hoher Wahrscheinlichkeit über einen bestimmten Reaktionskanal abläuft, d. h. über einen großen Wirkungsquerschnitt verfügt. Im nächsten Abschnitt sollen die wesentlichen Ergebnisse der differentiellen Messungen zusammengefaßt werden.

4.2 Der Energiedefekt als Auswahlkriterium für die Reaktionskanäle

Mit Hilfe der in Abschnitt 3.3.3 beschriebenen Methode wurden für verschiedene Stoßsysteme die Energiedefekte der Reaktionen bestimmt. Insbesondere bei niedrigen z-Werten konnte eine genügend hohe Auflösung im Energiespektrum der Projektilionen erreicht werden, so daß eine Unterscheidung einzelner Reaktionskanäle möglich war. Die Ursache hierfür liegt darin, daß der Elektroneneinfang bei niedrigen Ladungszahlen in elektronische Zustände erfolgt, die einen größeren energetischen Abstand besitzen; außerdem konnte die Energieanalyse bei kleineren Projektilgeschwindigkeiten durchgeführt werden. Bei hohen Projektilladungen war eine Trennung einzelner Kanäle nicht möglich, da die Dichte der Endzustände in den meisten Fällen zu groß ist. Das Experiment lieferte in diesen Systemen lediglich eine Aussage über einen mittleren oder wahrscheinlichsten Energiedefekt $\overline{\Delta E}$.

In Fig. 33 und Fig. 34 sind typische Energieverteilungen für die

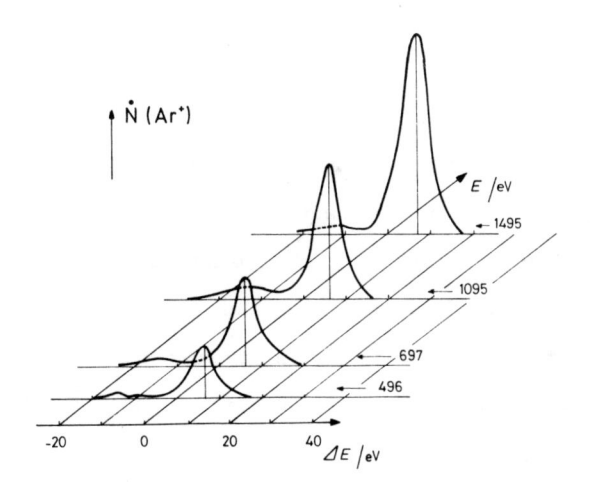

Fig. 33: Energieverteilung der Ar^+ Ionen nach dem Stoß von Ar^{2+} mit Ne in Abhängigkeit vom Energiedefekt der Reaktion und der Stoßgeschwindigkeit

Systeme Ar^{2+} + Ne und Ar^{2+} + Ar dargestellt. Aufgetragen ist die Zählrate der umgeladenen Ar^+-Ionen in Abhängigkeit von dem mit Gl. (3.29) bestimmten Energiedefekt. Im System Ar^{2+} + Ne finden wir, daß der dominante Reaktionskanal einen Energiedefekt von ~ 6 eV aufweist. Dieser Reaktionskanal kann mit Hilfe tabellierter atomarer Energieniveaus [155] folgendermaßen identifiziert werden:

$$Ar^{2+}(3s^23p^4\ {}^3P)+Ne(2s^22p^6\ {}^1S)\rightarrow Ar^+(3s^23p^5\ {}^2P)+Ne^+(2s^22p^5\ {}^2P)$$
$$+\ 6,1\ eV$$

(4.1)

Beide Ionen befinden sich im Ausgangskanal in den elektronischen Grundzuständen, ein 2p-Elektron des Ne-Atoms wird in einer exothermen Reaktion in das 3p-Niveau des Ar^+-Ions eingefangen. Die Frage nach der Besetzung der Unterniveaus mit verschiedenen Gesamtdrehimpulsen bei Berücksichtigung der Spin-Bahn-Wechselwirkung kann durch das Experiment wegen der geringen energetischen Aufspaltung (< 0,2 eV) der Unterniveaus nicht geklärt werden. Reaktionen, die zu angeregten Zuständen des Projektilions oder Targetions führen, sind bereits stark endotherm und spielen, wie Fig. 33 zeigt, nur eine untergeordnete Rolle. Speziell der Elektroneneinfang in den ^2S-Zustand des Ar^+-Ions, der durch folgende Reaktionsgleichung beschrieben wird,

$$Ar^{2+}(3s^23p^4,{}^3P)+Ne(2s^22p^6,{}^1S)\rightarrow Ar^+(3s3p^6,{}^2S)+Ne^+(2s^22p^5\ {}^2P)$$
$$-\ 7,4\ eV$$

(4.2)

ist ohne Bedeutung. Dies ist verständlich, da zum Ablauf dieses Prozesses die Elektronenverteilung des Projektilionenrumpfes geändert werden muß, d. h. zwei Elektronen ihren Zustand wechseln müssen. Wird die Stoßenergie erhöht, so verstärkt sich die dominierende Rolle der Grundzustandsreaktion, ein Befund, der in guter Übereinstimmung mit Ergebnissen ist, die bei Stoßenergien von 8 keV gewonnen wurden [156]. Bei der Untersuchung der Winkelabhängigkeit der Reaktion ergaben sich keine Änderungen im Energiespektrum; allerdings trägt in dem vorliegenden System nur ein schmaler Winkelbereich um $\theta = 0°$ zum Wirkungsquerschnitt bei. Für Stoßenergien von 500 eV bis 1,1 keV wurden für die Halbwertsbreite der Winkelverteilungen Werte zwischen 30 mrad und 90 mrad bestimmt. Wir können hieraus schließen, daß der Elektroneneinfang bei sehr großen Kernabständen erfolgt, so daß kein nennenswerter Impuls auf das Target übertragen wird.

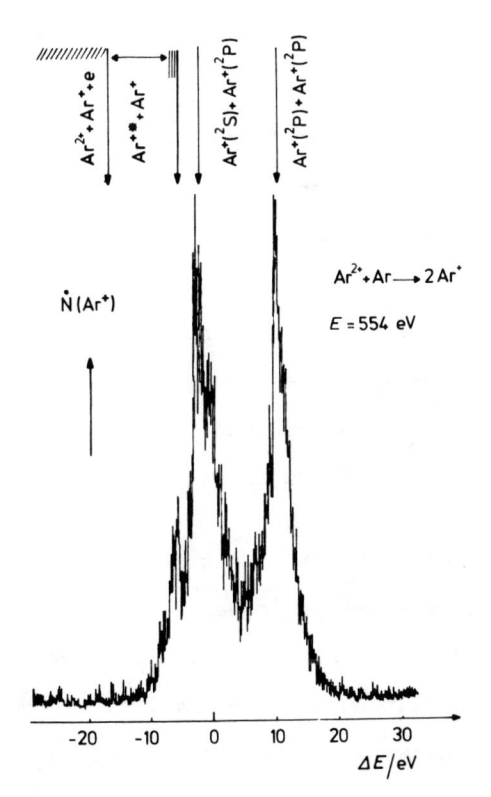

Fig. 34: Energieverteilung der Ar^+-Ionen im Stoßsystem Ar^{2+} + Ar bei $\theta = 0°$

In Fig. 34 ist das Energiespektrum der Ar^+-Ionen dargestellt, die durch Umladung von Ar^{2+} in Argon gebildet werden. Das Spektrum wird durch zwei konkurrierende Einfangprozesse bestimmt, die durch folgende Reaktionsgleichungen beschrieben werden können:

$$Ar^{2+}(3s^23p^4,{}^3P)+Ar(3s^23p^6,{}^1S) \rightarrow 2Ar^+(3s^23p^5,{}^2P)+11,87 \text{ eV},$$

$$\rightarrow Ar^+(3s^23p^5,{}^2P)+Ar^+(3s3p^6,{}^2S)$$
$$-1,61 \text{ eV}. \quad (4.3)$$

Die eingezeichneten Pfeile kennzeichnen jene Energiedefekte, die nach den tabellierten Energieniveaus in Ref. [155] zu erwarten sind. Im Gegensatz zum System Ar^{2+} + Ne befindet sich ein Ar^+-Ion nach dem Stoß im ^2S-Zustand, anscheinend im Widerspruch zu der geforderten Erhaltung des Elektronenrumpfes beim Umladungsprozeß. Da es sich jedoch um ein symmetrisches System handelt, läßt sich der Prozeß zwanglos durch den Einfang eines "inneren" 3s-Elektrons des Targetatoms in die 3p-Schale des Projektilions erklären. Nach dem Stoß wird somit das Targetion in dem angeregten ^2S-Zustand zurückbleiben, während sich das schnelle Projektilion im Grundzustand befindet.

Unabhängig vom eigentlichen Elektroneneinfangmechanismus sollten verschiedene Erhaltungsgesetze für die Umladungsprozesse gültig sein. Hierzu zählen die Erhaltung des Gesamtspins des Systems, die Erhaltung der +/-Symmetrie der molekularen Zustände sowie eine Auswahlregel für die Projektion des Gesamtbahndrehimpulses (Quantenzahl Λ) der Elektronen auf die Kernverbindungsachse im molekularen System mit $\Delta\Lambda = 0, \pm 1$. Der Übergang mit $\Delta\Lambda = 0$ entspricht dem radialen Kopplungsfall, $\Delta\Lambda = 1$ der Rotationskopplung (siehe Abschnitt 2.1.2). Berücksichtigt man diese Auswahlregeln im System $Ar^{2+} + Ar$, so findet man, daß der $Ar^+(^2S)$-Zustand lediglich durch den Mechanismus der Rotationskopplung gebildet werden kann. Dieses Ergebnis ist überraschend, da diese Kopplung vor allem bei höheren Geschwindigkeiten effektiv sein sollte; allerdings sind die Wirkungsquerschnitte der Reaktionskanäle mit $\sim 5 \times 10^{-17}$ cm^2 auch relativ klein.

Im Rahmen unserer Untersuchungen sind für verschiedene Stoßsysteme die wesentlichen Energiedefekte bestimmt worden; im Anhang wird in der Tabelle AII eine Übersicht über die gemessenen Werte gegeben.

Im folgenden wollen wir uns der Frage zuwenden, wie der Energiedefekt, ΔE, den Einfangprozeß beeinflußt und wie dieser Einfluß von der Projektilladung abhängt. Beschränken wir uns zunächst auf den Einelektroneneinfangprozeß. In Fig. 35 a sind die gemessenen Energiedefekte für das Stoßsystem $Xe^{z+} + Ne$ in Abhängigkeit von der Ladungszahl z des Projektilions dargestellt. Wird z von 2 auf 6 erhöht, so steigt der gemessene Energiedefekt von ~ 0 eV auf $+ 20$ eV an. Berücksichtigen wir den Zusammenhang zwischen ΔE und dem Kernabstand R_k, bei dem eine Kreuzung der entsprechenden Potentialkurven auftritt (Gl. (2.25)), so erhalten wir die Darstellung in Fig. 35 b. Hiernach sind im System

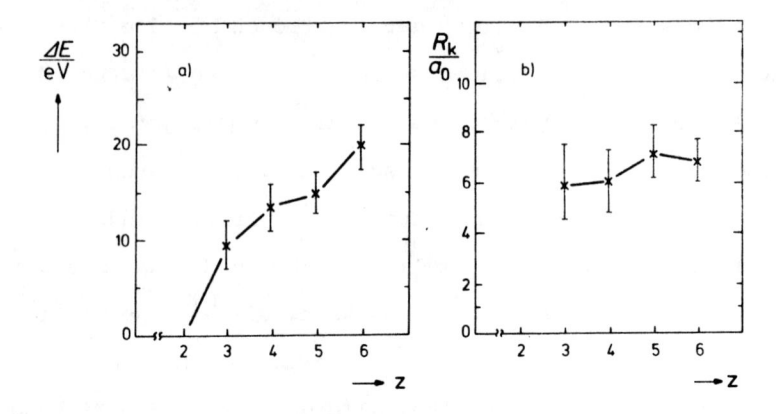

Fig. 35: a) Energiedefekte ΔE und b) Lage der entsprechenden Potentialkurvenkreuzungen R_k in Abhängigkeit von z im Stoßsystem Xe^{z+} + Ne

Xe^{z+} + Ne an dem Elektroneneinfangprozeß jene Zustände beteiligt, deren Potentialkurvenkreuzungen bei Kernabständen zwischen 5 a_o und 8 a_o liegen. Der notwendige Kernabstand scheint schwach mit der Ladungszahl z anzuwachsen. Offensichtlich ist die Lage der effektiven Kurvenkreuzungen auf einen schmalen Kernabstandsbereich begrenzt, auch dann, wenn wie im Falle hoher Ladungszahlen, viele Kurvenkreuzungen in einem weiten R-Bereich vorliegen.

Zur Klärung, ob dieses Verhalten systemspezifisch ist oder ob es allgemein für beliebige Stoßsysteme zutrifft, sind in Fig. 36 die gemessenen ΔE-Werte für verschiedene Systeme (Δz = 1) in Abhängigkeit von der Ladungszahl z aufgetragen. Wir finden für die einzelnen z-Werte zwar eine breite Streuung der Energiedefekte der einzelnen Reaktionen, allerdings steigt der ΔE-Bereich deutlich mit wachsendem z an. Zum Vergleich ist eine

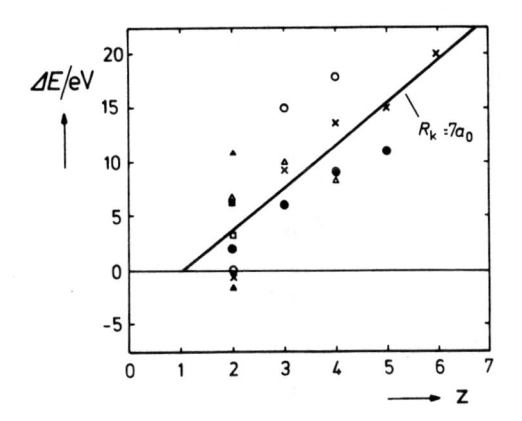

Fig. 36: Energiedefekte verschiedener Reaktionssysteme in Abhängigkeit von z.
o $Ar^{z+} + H_2$; x $Xe^{z+} + Ne$; Δ $Ne^{z+} + Xe$
● $Kr^{z+} + H_2$; □ $Ar^{2+} + He$, ■ $Ar^{2+} + Ne$,
▲ $Ar^{2+} + Ar$

Kurve eingetragen, die mit (Gl. (2.25)) berechnet wurde unter der Annahme, daß - wie im System $Xe^{z+} + Ne$ - lediglich Kurvenkreuzungen bei $R_k = 7\,a_o$ zur Umladung führen. Offensichtlich läßt sich die Verschiebung der ΔE-Werte mit z durch einen ähnlichen Kernabstandsbereich beschreiben.

Zu einer besseren Überprüfung dieser Aussage ist es notwendig, eine Gewichtung der einzelnen Energiedefekte für feste Ladungszahlen z durchzuführen, zum Beispiel durch die Angabe, ob der gemessene Energiedefekt zu einem großen Elektroneneinfang - querschnitt führt. In Fig. 37 sind daher für z = 2 die Wirkungsquerschnitte σ_{21} für einzelne Reaktionskanäle in Abhängigkeit von ihrem Energiedefekt aufgetragen. Sind die Wirkungsquerschnitte dieser Systeme stark von der Stoßenergie abhängig, so wurden

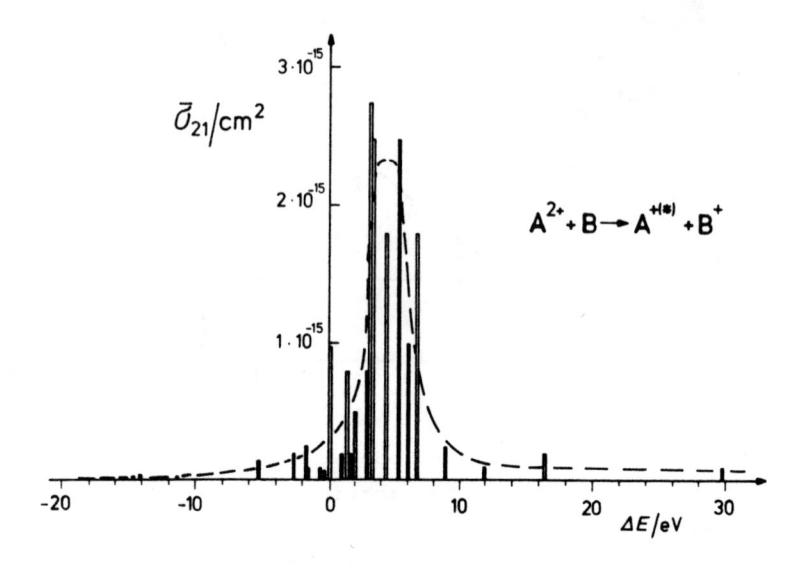

Fig. 37: Maximale Elektroneneinfangwirkungsquerschnitte $\bar{\sigma}$ für zweifache geladene Projektilionen in verschiedenen Targetgasen in Abhängigkeit vom Energiedefekt der Reaktion (siehe Tabelle A III)

ihre Werte bei jenen Energien bestimmt, bei denen ein Maximum von σ durchlaufen wird. Hierbei wurde ein Energiebereich von 1 keV bis ~ 400 keV berücksichtigt. Die dieser Kurve zu Grunde liegenden Daten entsprechen stark unterschiedlichen Reaktionssystemen, die von verschiedenen Experimentatoren gemessen worden sind. In der Tabelle A III (siehe Anhang) sind die einzelnen Systeme sowie die entsprechenden Referenzen angegeben. Für den Fall, daß das Maximum des Wirkungsquerschnittes im vorliegenden Energiebereich nicht erreicht wurde und nur durch eine Extrapolation abgeschätzt werden konnte, sind die Wirkungsquerschnitte durch offene Symbole dargestellt. Ebenso wurde verfahren, wenn die Energiedefekte nur indirekt über den Vergleich mit der Theorie bestimmt werden konnten. Wirkungsquerschnitte, die im gesamten Energiebereich stark energieabhängig sind, fanden keine Berücksichtigung.

Wie Fig. 37 zeigt, sind bei der Umladung zweifach geladener Projektile sehr verschiedene Energiedefekte gemessen worden; dargestellt ist der Bereich von - 20 eV bis + 30 eV. Sowohl stark exotherme als auch stark endotherme Prozesse können mit Wirkungsquerschnitten $\leq 10^{-16}$ cm^2 zum Elektroneneinfang führen. Der ΔE-Bereich, der zu Wirkungsquerschnitten in der Größenordnung von 10^{-15} cm^2 führt, ist jedoch stark eingeengt. Es sind die Reaktionskanäle, die mit einer positiven Wärmetönung in Größenordnungen von 3 eV bis 7 eV ablaufen. Dieses Ergebnis ist in guter Übereinstimmung mit Resultaten optischer Messungen von Winter et al. [165, 7], in denen ebenfalls die Bedeutung der schwach exothermen Reaktionen gefunden wird.

Eine entsprechende Darstellung läßt sich prinzipiell auch für höhere Projektilladungen durchführen, allerdings ist die Zahl der gemessenen Energiedefekte weitaus geringer und oft liegen nur mittlere Energiedefekte vor, so daß die gemessenen Wirkungsquerschnitte eine Summe über eine unbekannte Anzahl von Reaktionskanälen darstellen.

In Fig. 38 sind die Wirkungsquerschnitte für z=2 sowie z=6 in Abhängigkeit von der Lage der Kurvenkreuzungen dargestellt;

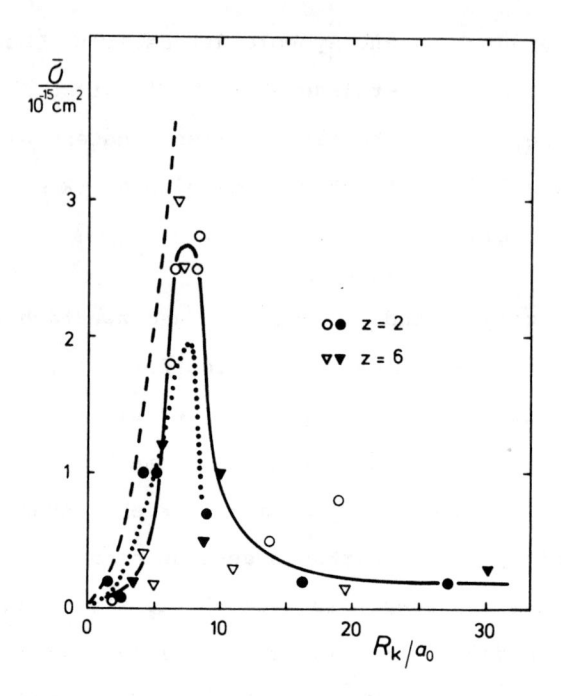

Fig. 38: Elektroneneinfangquerschnitte in Abhängigkeit von der Lage der Kurvenkreuzung für z=2 und z=6. —— Kurve durch die exp. Werte; - - - Absorptionsmodell; ..... Landau-Zener-Modell

die R_k-Werte wurden für z=2 aus den positiven Energiedefekten in Fig. 36 berechnet. Die Werte für z=6 sind Ergebnisse der "optischen" Untersuchung des Systems Ar^{6+} + H_2 von Bloemen et al. [158, 166], sowie der Energieverlustmessungen von Afrosimov et al. [157]. Es zeigt sich, daß insbesondere jene Reaktionen zu großen Wirkungsquerschnitten führen, die eine Potentialkurvenkreuzung bei Kernabständen zwischen 5 und 10 a_0 aufweisen (a_0 Bohr'scher Radius).

Der allgemeine Kurvenverlauf läßt sich relativ leicht erklären.

Beschreibt man den Elektroneneinfang im Bild der Kurvenkreuzungen, so definiert R_k ungefähr den Radius der Kreisscheibe, die getroffen werden muß, damit mit einer gewissen Wahrscheinlichkeit ein Elektroneneinfang erfolgt. Bei kleinen R_k-Werten muß daher schon aus rein geometrischen Gründen der Wirkungsquerschnitt sehr stark abnehmen ($\sigma \sim R_k^2$). Bei großen R_k-Werten hingegen nimmt die Kopplung zwischen den beteiligten Zuständen exponentiell mit R_k ab (siehe Gl. (2.19) - (2.23)), so daß die Reaktionswahrscheinlichkeit ebenfalls klein werden muß. Das Auftreten eines Maximums im Kurvenverlauf ist daher verständlich.

Neben der "experimentellen" Kurve sind in Fig. 38 zwei weitere Kurven eingezeichnet, die mit Hilfe des Absorptionsmodells und des Landau-Zener-Formalismus berechnet wurden. Das Absorptionsmodell (siehe Gl. (2.40)) ist bei großen R_k-Werten nicht mehr anwendbar, da die Kopplungsstärke exponentiell mit R_k abnimmt und damit in diesem Bereich keine vollständige Absorption mehr erzielt werden kann.

Zur Bestimmung der Landau-Zener-Kurve wurden mit Hilfe von Gl. (2.23) für zweifach geladene Projektile (Ar^{2+}) und ein Target mittlerer Bindungsenergie (I_B = 16 eV) die Kopplungselemente H_{12} in Abhängigkeit von R_k bestimmt. Hiermit konnte ein maximaler Wirkungsquerschnitt im Energiebereich 1 keV $\leq$ E $\leq$ 400 keV in Abhängigkeit von H_{12} bzw. R_k berechnet werden (Gl. (2.32, 233)). Für kleine R_k-Werte wird der Kurvenverlauf durch Gl. (2.35) beschrieben, bei großen R_k-Werten nimmt der Wirkungsquerschnitt $\bar{\sigma}$ ab, da das Maximum der Landau-Zener-Kurve aus dem betrachteten Energiebereich herausfällt. Werden Energien bis hin zum thermischen Bereich berücksichtigt, so verschiebt sich das Maximum zu R_k-Werten von ~ 10 a_o.

Sowohl das Experiment als auch die Theorie zeigen somit, daß ein wichtiger Kernabstandsbereich existiert (5 $a_o \leq R_k \leq$ 10 a_o), in dem die Kopplung verschiedener Zustände zu großen Wirkungsquerschnitten führt. Dieser Bereich wird einerseits durch die Geometrie des Stoßproblems und andererseits durch die Kopplungsstärke, welche die nichtadiabatischen Übergänge bewirkt, festgelegt. Ein quantitativer Vergleich mit der theoretischen Kurve soll nicht durchgeführt werden, da der Landau-Zener-Formalismus nur beschränkt auf ein allgemeines Stoßsystem angewendet werden kann [49,50].

Auch bei der Umladung einfach geladener Ionen existiert ein entsprechender, ausgezeichneter Kernabstandsbereich, wie Turner-Smith et al. [167] bei der Untersuchung der Systeme He^+ + Cd, Ne^+ + Mg im thermischen Geschwindigkeitsbereich gezeigt haben. In diesen Systemen wird die wesentliche Wechselwirkung nicht durch die Coulombabstoßung hervorgerufen, sondern durch die Polarisationswechselwirkung. Da die Polarisierbarkeiten beider Stoßpartner jedoch stark unterschiedlich sind, ist auch die Steigung der entsprechenden Potentialkurven verschieden, so daß es bei relativ großen Kernabständen zu Kreuzungen der Potentialkurven kommt. Die Autoren konnten zeigen, daß der Wirkungsquerschnitt für die Umladung bei einem ΔE-Wert von ~ 0,2 eV ein Maximum durchläuft. Unter Berücksichtigung der Polarisierbarkeiten läßt sich hieraus für die Lage des Kreuzungspunktes ein Wert von 8,7 a_o bestimmen, der gut durch Fig. 38 beschrieben wird.

Wie ein Vergleich der Wirkungsquerschnitte in Fig. 38 für z=2 und z=6 zeigt (siehe auch Fig. 35 b), ist die Lage des effektiven Bereiches kaum abhängig von der Ladungszahl z. Allerdings ist der untersuchte z-Bereich zu klein und die Anzahl der untersuchten Systeme zu gering, um eine endgültige Aussage über die z-Abhängigkeit dieses Kopplungsbereiches machen zu können. In verschiedenen Theorien wird ein kritischer Kernabstand angegeben, bei dem der Elektroneneinfang erfolgen soll. Für das Absorptionsmodell ist dieser Kernabstand in Fig. 6 für das System (A^{z+} + H) dargestellt. Für z $\geq$ 4 steigt R_c mit der Projektilladung an, bei z=6 erreicht R_c einen Wert von 9,5 a_o. Auch das Tunnelmodell sowie das in Abschnitt 2.2.4 beschriebene klassische Modell geben für höhere z-Werte einen Anstieg $\sim\sqrt{z}$. In Tabelle II sind die kritischen Kernabstände in Abhängigkeit von der Projektilladung für die einzelnen Modelle zusammengestellt. Ein Vergleich zeigt, daß der experimentell festgelegte Bereich von 5 a_o - 10 a_o gut mit den Aussagen der verschiedenen Theorien für z $\leq$ 6 übereinstimmt, lediglich die Zunahme von R_k mit z wird im Experiment nicht gefunden.

Dies mag am betrachteten z-Bereich liegen, für den die im Rahmen des Absorptions- bzw. Tunnelmodells gemachten Näherungen, noch nicht hinreichend erfüllt sind. In beiden Modellen

Tabelle II: Kritische Kernabstände für den Elektroneneinfang in Abhängigkeit von der Projektilladung z

z	Absorptionsmodell [39] R_c/a_o	Tunnelmodell [54] R_o/a_o	Klass. Modell [62] R_o/a_o
2	-	-	7,7
3	-	-	8,9
4	8,4	7,6	10,0
5	9,0		11,0
6	9,5	11,0	11,9
8	10,7	11,3	13,4
10	11,5	11,8	14,7

wird von einer großen Anzahl möglicher Endzustände ausgegangen, so daß eine Vergrößerung des Wirkungsquerschnittes bei einer Erhöhung von z nur durch größere R_k-Werte erklärt werden kann. In den experimentell untersuchten Systemen (z $\leq$ 6) ist die Anzahl der Reaktionskanäle vor allem bei kleinen z-Werten begrenzt, sie nimmt zu, wenn z erhöht wird. Eine Zunahme des Wirkungsquerschnittes kann daher auf eine Abnahme der "Transparenz" einer konstanten Wirkungsquerschnittsfläche zurückgeführt werden. Bei einer Absorptionswahrscheinlichkeit von 1 ergibt sich für $R_k = (7 - 8)\ a_o$ ein Wirkungsquerschnitt von ~ 5×10^{-15} cm^2. Ein Wert, der für z = 6 durch das Experiment bestätigt wird.

Für eine Klärung der z-Abhängigkeit des effektiven Kopplungsbereiches wäre es daher interessant und notwendig, eine große Anzahl von Systemen hinsichtlich ihrer Energiedefekte zu untersuchen für Ladungszahlen z $\geq$ 6.

4.3 Qualitative Beschreibung der Wirkungsquerschnitte für den Elektroneneinfang im Bereich niedriger Projektilladungen z

In diesem Abschnitt soll versucht werden, die soeben gewonnenen Aussagen auf Stoßsysteme mit niedrigen Ladungszahlen ($z \leq 4$) anzuwenden, um das gefundene Verhalten der Wirkungsquerschnitte qualitativ zu erklären. Da der Elektroneneinfang bei großen Kernabständen erfolgt, wollen wir die Stoßsysteme in einer groben Näherung durch die diabatischen Potentialkurven beschreiben, die in Gl. (2.24) definiert sind. Da die Polarisierbarkeiten der Ionen im allgemeinen kleiner sind als die der neutralen Atome, wird bei der Bestimmung der Potentialkurve $V_2(R)$ (Endzustand) die gegenseitige Polarisation beider Ionen vernachlässigt. Aus der Analyse der Kurvenkreuzungen - insbesondere ihrer relativen Lage zum effektiven Kopplungsbereich - ist es möglich, den Verlauf der Wirkungsquerschnitte qualitativ vorherzusagen. Dies soll im folgenden für den Elektroneneinfang in den Stoßsystem Mg^{z+} + He und Mg^{z+} + H_2 näher diskutiert werden.

In Fig. 39 sind die diabatischen Potentialkurven beider Systeme für $z=2-5$ dargestellt; als Nullpunkt der Energieskala wurde die Energie der neutralen Systeme festgelegt. Betrachten wir zunächst den Elektroneneinfang im He-Target.

Es zeigt sich, daß im System Mg^{2+} + He die Potentialkurven sämtlicher Ausgangszustände (Mg^+ + He^+ bzw. Mg^+ + He^+) oberhalb

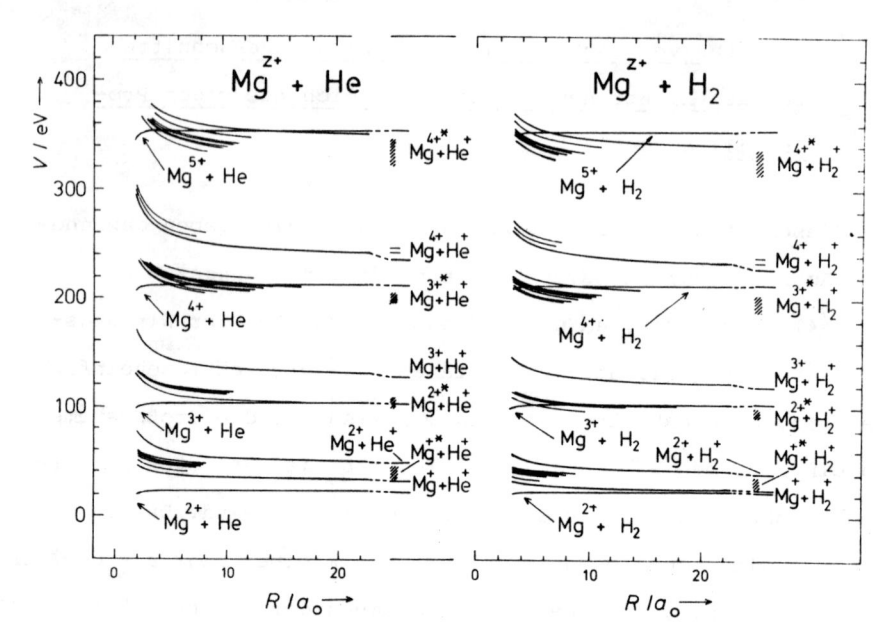

Fig. 39: Diabatische Potentialkurven für die
Systeme Mg^{z+} + He und Mg^{z+} + H_2. (Im
System Mg^{z+} + H_2 gibt R den Abstand des
Projektilions vom Schwerpunkt des H_2-Moleküls an.)

der Potentialkurve liegen, die den Eingangszustand beschreibt. Dies liegt an der hohen Ionisierungsenergie des He-Atoms (24,587 eV) und der relativ geringen Energie, die beim Einfang eines Elektrons durch das Mg^{2+} Ion frei wird (15,034 eV). Sämtliche Einfangreaktionen sind daher endotherm; Kurvenkreuzungen können lediglich bei sehr kleinen Kernabständen auftreten, wo die chemischen Kräfte zu einem starken Anstieg der Potentialkurven führen. Die energetisch günstigste Reaktion ist der Elektroneneinfang in den Grundzustand des Mg^+ Ions mit einem Energiedefekt von – 9,55 eV. Entsprechend Fig. 37 würde man für diese

Reaktion einen stark energieabhängigen Wirkungsquerschnitt im Bereich von ~ 10^{-17} cm^2 erwarten. Angeregte Zustände des He$^+$-Ions müssen bei dieser Betrachtung nicht berücksichtigt werden, da abgesehen von der geringeren Wahrscheinlichkeit für die Targetanregung die entsprechenden Reaktionen weitaus endothermer ablaufen.

Im System Mg^{3+} + He hat sich die Situation geändert, der Elektroneneinfang in den Grundzustand des Mg^{2+}-Ions ist bedingt durch die hohe Rekombinationsenergie des Mg^{3+}-Ions (80,1 eV) stark exotherm (55,6 eV). Die entsprechende Kurvenkreuzung liegt jedoch bei sehr kleinen Kernabständen (R_k < 2 a_o), so daß der Wirkungsquerschnitt dieser Reaktion ebenfalls energieabhängig und $\leq 10^{-16}$ cm^2 sein sollte. Wegen der hohen Anregungsenergien des Mg^{2+}-Ions sind angeregte Mg^{2+} Zustände nur über endotherme Reaktionen zu erreichen bzw. über Kurvenkreuzungen, die bei Kernabständen > 20 a_o liegen, einem Bereich, in dem die Kopplung zwischen den Zuständen bereits sehr schwach ist.

Erhöhen wir schließlich die Ladung des Mg-Projektils auf Werte von 4 oder 5, so fallen viele Potentialkurvenkreuzungen in den Bereich, der sich durch eine effektive Kopplung auszeichnet. Wir sollten daher erwarten, daß der Wirkungsquerschnitt dieser Umladungsreaktion groß ist ($\sigma \gtrsim 10^{-15}$ cm^2) und keine Energieabhängigkeit zeigt, da das Elektron in viele verschiedene angeregte Zustände des Mg^{3+}- bzw. Mg^{4+}-Ions eingefangen werden kann.

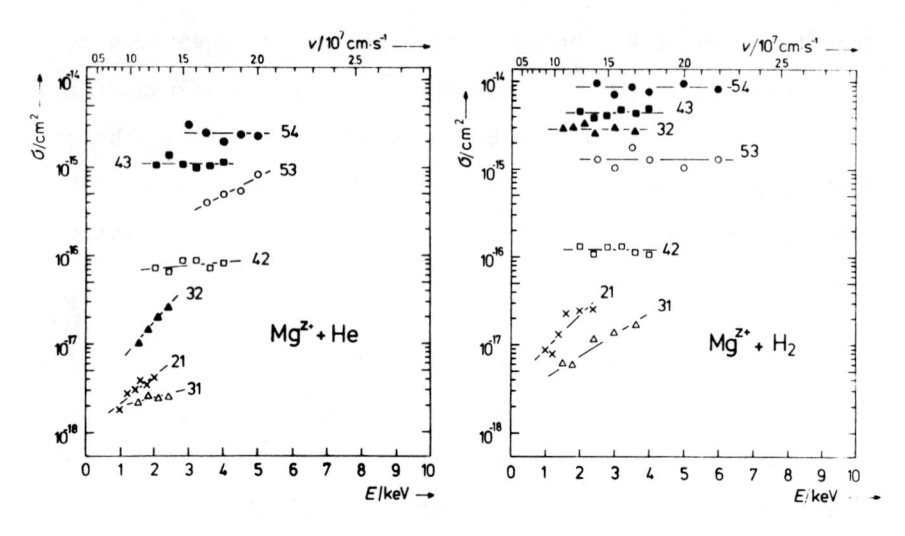

Fig. 40: Elektroneneinfangquerschnitte in den Systemen $Mg^{z+} + H_2$ und $Mg^{z+} + He$

In Fig. 40 sind die gemessenen Wirkungsquerschnitte für das System Mg^{z+} + He ($2 \leq z \leq 5$) dargestellt. In der Tat finden wir das erwartete Verhalten der Wirkungsquerschnitte: Für z = 2 und z = 3 sind die Werte der Wirkungsquerschnitte klein und wachsen mit steigender Stoßenergie an; für z = 4 und 5 sind die Querschnitte sehr groß und zeigen keine Energieabhängigkeit mehr. Ersetzen wir das He-Target durch molekularen Wasserstoff, so zeigt sich an Hand der Potentialkurven (Fig. 39), daß bereits für z = 3 mehrere Endzustände, die zu elektronisch angeregten Mg^{2+}-Ionen führen, sehr wirksame Potentialkurvenkreuzungen mit dem Anfangszustand besitzen können. Diese schwach exothermen Reaktionen sollten bereits für z = 3 zu einem großen, energieunabhängigen Wirkungsquerschnitt führen. Wie in Fig. 40 dargestellt, ändert sich der Wirkungsquerschnitt in diesem System sehr stark beim Übergang von z = 2 nach z = 3 .

In fast allen untersuchten Systemen konnte auf diese Weise das Verhalten der Wirkungsquerschnitte vor allem bei niedrigen Ladungszahlen qualitativ erklärt werden. Aus der Tatsache, daß die Lage der Potentialkurvenkreuzungen im wesentlichen durch den Energiedefekt, d. h. die Differenz der Bindungsenergien des Elektrons im Anfangs- und Endzustand, bestimmt wird, läßt sich erklären, daß für $z \leq 4$ neben der Projektilladung und der Bindungsenergie I_B weitere Projektileigenschaften die Größe des Wirkungsquerschnittes beeinflussen. Die elektronische Struktur des Projektils und die genaue energetische Lage der Projektilniveaus, in die das Elektron eingefangen werden kann, spielen eine entscheidende Rolle.

Für $z \geq 4$ ist die Dichte der Endzustände, die mit dem Anfangszustand eine wirksame Kopplung besitzen, bereits so groß, daß keine allgemein gültigen Aussagen mit dem oben beschriebenen Modell mehr möglich sind. Mit wachsendem z sollte die Exothermizität der Reaktion und damit die Dichte der Endzustände zunehmen, so daß prinzipiell ein Anwachsen der Wirkungsquerschnitte mit z verständlich ist. Die Abhängigkeit des Wirkungsquerschnittes von der Ladungszahl z soll im Abschnitt 4.5 näher untersucht werden.

4.4 Vergleich mit der Theorie und mit anderen experimentellen Ergebnissen

Entscheidend dafür, welche Theorien zum Vergleich mit den experimentellen Wirkungsquerschnitten herangezogen werden können, sind die Parameter, die das Stoßsystem charakterisieren, insbesondere die Ladungszahl z des Projektilions. Für niedrige Ladungszahlen ist die Zahl der wechselwirkenden Zustände stark begrenzt, die energieabhängigen Wirkungsquerschnitte können bei $v \ll v_o$ mit dem Landau-Zener-Formalismus oder aber der Demkov-Kopplung beschrieben werden. Bei hohen Ladungszahlen können die in Abschnitt 2.2 beschriebenen Modelle zum Vergleich mit den meist energieunabhängigen Wirkungsquerschnitten herangezogen werden. Die Ladungszahl z, bei welcher ein Übergang zwischen beiden Bereichen erfolgt, hängt außerdem von den Targeteigenschaften, z. B. der Festigkeit der Elektronenbindung ab.

Ein direkter Vergleich mit experimentellen Ergebnissen anderer Autoren ist nur in einigen Fällen möglich, da viele Systeme bisher nicht untersucht worden sind bzw. keine Überlappung im Geschwindigkeitsbereich vorliegt. Sind die Wirkungsquerschnitte energieunabhängig und existiert eine größere Anzahl von Kurvenkreuzungen, so daß das Projektilion hinreichend gut durch z charakterisiert werden kann, so werden auch unterschiedliche Systeme zum Vergleich herangezogen. Im folgenden soll an Hand einiger Beispiele die Übereinstimmung bzw. die Diskrepanz zwischen Theorie und Experiment näher untersucht werden.

In Fig. 41 sind die Wirkungsquerschnitte für den Einelektronen-

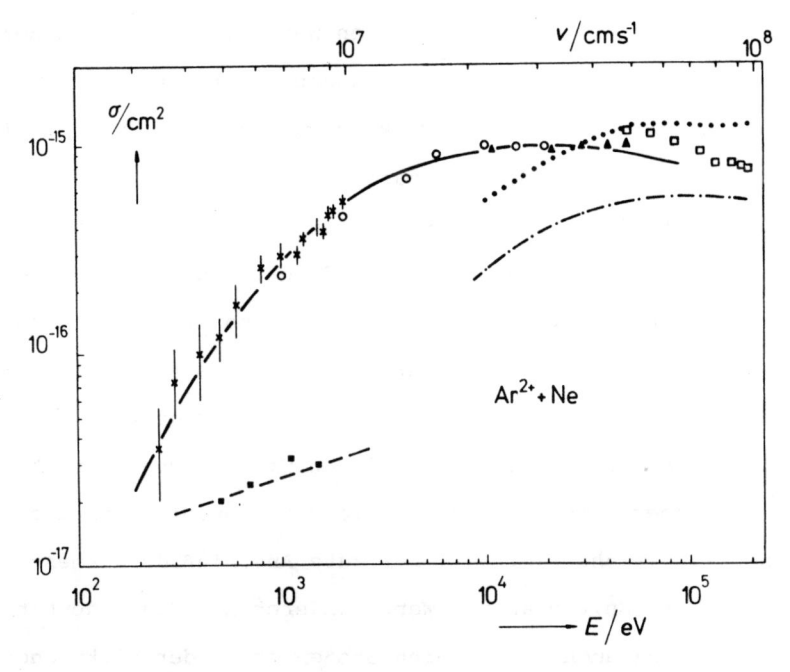

Fig. 41: Wirkungsquerschnitt für den Elektroneneinfang im Stoßsystem Ar^{2+} + Ne. Eigene Meßwerte: x exothermer Kanal (ΔE = 6,1 eV); ■ endotherme Kanäle [100]. o Salzborn [21], ▲ Fedorenko [168], □ Hird und Ali [160]. Theorie: ——— Landau-Zener-Kurve [100], —·—·— L.Z.Kurve [160], ... Theorie ohne Kurvenkreuzung [160]

einfang im Stoßsystem Ar^{2+} + Ne dargestellt. Aufgetragen sind sowohl experimentelle Resultate verschiedener Autoren [21, 100, 160, 168] als auch theoretische Werte, die mit dem Landau-Zener-Modell bzw. mit dem Konzept der Übergänge bei sich nicht kreuzenden Potentialkurven (Demkovkopplung) berechnet wurden [100,160]. Überraschend ist die gute Übereinstimmung bzw. der gute

Anschluß sämtlicher experimentellen Werte in einem Stoßenergiebereich, der sich über drei Dekaden erstreckt. Während die eigenen Messungen partielle Wirkungsquerschnitte für den Elektroneneinfang in den Grundzustand des Ar^+-Ions darstellen, geben die Werte der anderen Autoren den totalen Wirkungsquerschnitt an. Die Messung der Energiedefekte in diesem System (siehe Abschnitt 4.2) ergab, daß der dominante Reaktionskanal dem Elektroneneinfang in den Grundzustand des Ar^+-Ions entspricht (vergl. Gl. (4.1)). Die Bildung angeregter Ar^+-Ionen erfolgt über endotherme Kanäle, deren Wirkungsquerschnitt (integral über sämtliche endotherme Reaktionen) wesentlich kleiner ist (siehe Fig. 41). Der gute Anschluß der gemessenen Wirkungsquerschnitte an die Werte anderer Autoren bedeutet offensichtlich, daß auch bei höheren Stoßenergien der Elektroneneinfang durch Gl. (4.1) beschrieben werden kann. Diese Annahme wird durch den Vergleich mit verschiedenen Theorien bestätigt. Ausgehend von dem Energiedefekt der Reaktion von 6,1 eV läßt sich unter Berücksichtigung der Polarisations- und der Coulombwechselwirkung ein Kreuzungsradius von 5,1 a_o bestimmen. Damit ergibt sich in dem Landau-Zener-Modell ein maximaler Wirkungsquerschnitt (siehe Gl. (2.35)) von $1,04 \times 10^{-15}$ cm^2, ein Wert, der ausgezeichnet mit dem experimentellen Befund übereinstimmt. Durch Variation der Wechselwirkungsenergie H_{12} in Gl. (2.32, 2.33) wurde eine Anpassung der Landau-Zener-Kurve an die experimentellen Daten vorgenommen [100]; es zeigt sich, daß im gesamten Energiebereich eine gute Übereinstimmung zwischen Experiment und der Theorie erzielt werden kann.

In einer Rechnung von Hird und Ali [160] wurde ebenfalls der Landau-Zener-Formalismus zu Grunde gelegt, allerdings wurde keine Variation von H_{12} durchgeführt, sondern das Matrixelement der Kopplung wurde mit Hilfe der empirischen Beziehung von Olson (Gl. 2.23) bestimmt. Die Übereinstimmung mit dem Experiment ist in diesem Falle weniger gut. Da der exakte Verlauf der Landau-Zener-Kurve jedoch sehr empfindlich von der Größe des Matrixelementes H_{12} abhängt (siehe Fig. 3) und die Streuung der H_{12}-Werte, aus denen die Beziehung (2.23) gewonnen wurde, relativ groß ist, erscheint die Anwendung einer Fit-Methode durchaus gerechtfertigt.

In einer zweiten Rechnung, die auf einer modifizierten Theorie von Rosen und Zener [34] bzw. von Rapp und Francis [43] beruht, wird der Übergang nicht durch eine Kreuzung der Potentialkurven bestimmt. Sind beide Potentialkurven energetisch eng benachbart und verlaufen beide Niveaus nahezu parallel, wenn der Kernabstand verändert wird, so können Übergänge auch bei jenen Kernabständen erfolgen, bei denen die Beschreibung des Systems mit atomaren Orbitalen durch eine quasimolekulare Darstellung ersetzt werden muß [35]. Dies ist dann der Fall, wenn der Abstand beider Potentialkurven und die Wechselwirkungsenergie von gleicher Größenordnung sind. Eine entsprechende Behandlung wurde für das System Ar^{2+} + Ne durchgeführt [160], das Ergebnis ist ebenfalls in Fig. 41 dargestellt. Es zeigt sich, daß auch diese Theorie die experimentellen Werte nur in einem engen Geschwindigkeitsbereich gut beschreiben kann. Sämtliche theoretische

Kurven in Fig. 41 stimmen jedoch in der Aussage überein, daß der Elektroneneinfang dominant in den Grundzustand des Projektilions erfolgt. Berücksichtigen wir die Größe von ΔE sowie die Aussage von Fig. 37, so ist im Bild der Kurvenkreuzung die wesentliche Rolle dieses Reaktionskanals verständlich.

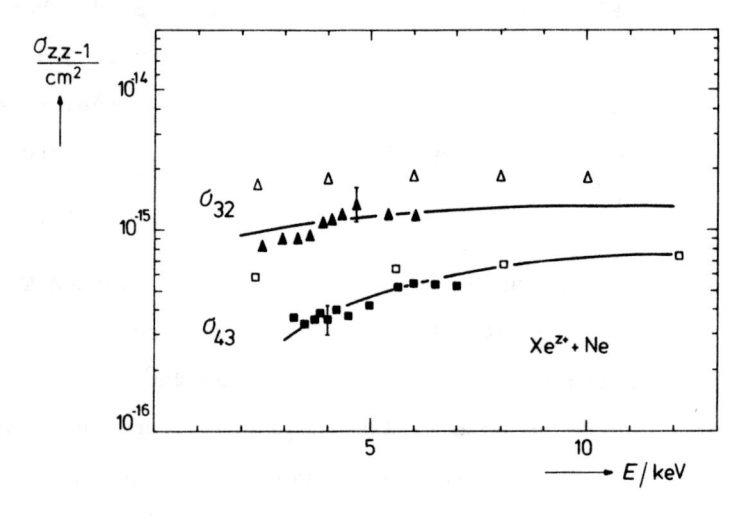

Fig. 42: Einelektroneneinfangquerschnitte im Stoßsystem Xe^{z+} + Ne. ▲,■ eigene Werte [162,163], △,□ Salzborn [122]. Die durchgezogene Kurve entspricht der Landau-Zener-Theorie [162,163]

In Fig. 42 und Fig. 43 sind zwei weitere Systeme dargestellt, in denen ein direkter Vergleich mit anderen Experimenten durchgeführt werden konnte und in denen der Elektroneneinfang durch wenige Zustände zu charakterisieren ist.

In den Systemen Xe^{3+}, Xe^{4+} + Ne liegen die gemessenen Wirkungsquerschnitte unterhalb der experimentellen Daten von Salzborn [122] insbesondere bei niedrigen Stoßenergien nimmt die Abweichung zu. Berücksichtigt man jedoch den absoluten Fehler in beiden Experimenten, so kann man dennoch von einer Übereinstimmung sprechen. Insbesondere zeigen beide Untersuchungen, daß die Wirkungsquerschnitte in dem System Xe^{z+} + Ne nicht die "normale" Abhängigkeit von der Ladungszahl z aufweisen, denn $\sigma_{43} < \sigma_{32}$. Auf diesen Effekt wollen wir in Abschnitt 4.6 noch einmal zurückkommen.

Die Energieanalyse der Projektilionen ermöglicht die Identifizierung der wichtigen Zustände in diesen Systemen. Beim Stoß von Xe^{3+} mit Ne erfolgt der Elektroneneinfang in den Grundzustand des Xe^{2+}-Ions ($^3P_{2,1,0}$), im System Xe^{4+} + Ne werden Xe^{3+}-Zustände besetzt, deren Anregungsenergie 12 bis 13 eV beträgt. Da in beiden Fällen die Anzahl der beteiligten Zustände sehr gering ist, läßt sich ebenfalls eine einfache Landau-Zener-Rechnung durchführen, deren Ergebnisse in Fig. 42 dargestellt sind. Im Bereich höherer Stoßenergien geben diese Kurven auch die experimentellen Werte von Salzborn relativ gut wieder. Da die Wirkungsquerschnitte jedoch nur in einem schmalen Geschwindigkeitsbereich untersucht wurden und hier nur eine geringe Energieabhängigkeit zeigen, ist eine präzise Bestimmung der Matrixelemente durch die Anpassung der theoretischen Kurve an die experimentellen Werte nicht möglich.

Im System Kr^{2+} + H, dessen Wirkungsquerschnitt in Fig. 43 dargestellt ist, erfolgt der Elektroneneinfang ebenfalls in den Grundzustand des Kr^+-Ions (genauer in die Zustände $^2P_{1/2}$

und $^2P_{3/2}$) mit einem Energiedefekt von ~ 10,7 eV. Wie Fig. 43 zeigt, wird eine sehr gute Übereinstimmung mit experimentellen Werten von Mc Cullough et al. [164] erzielt. Diese Tatsache ist besonders zu werten, da die Wirkungsquerschnitte einerseits relativ kleine Werte besitzen, zum anderen wurden in beiden Experimenten Wasserstofftargets verwendet, die auf verschiedene Weise erzeugt wurden (Wolframofen bzw. Wood'sche Entladung). Damit wird die gute Eignung einer Wood'schen Röhre zur Erzeugung eines Targets für atomaren Wasserstoff nachträglich demonstriert.

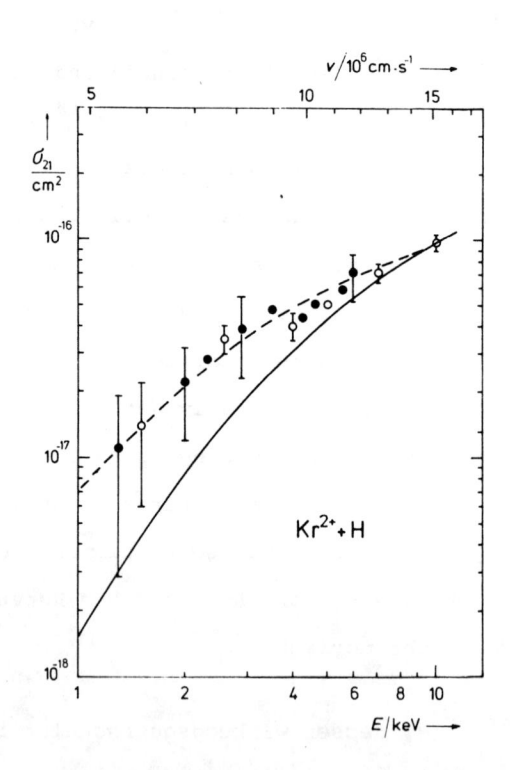

Fig. 43: Wirkungsquerschnitte für den Elektroneneinfang im Stoßsystem Kr^{2+} + H

● eigene Werte [137,169];
O Mc Cullough et al.[164].

—— Landau-Zener-Kurve mit H_{12} = 1,51 eV.

In Tabelle III sind die Kreuzungsradien und Matrixelemente H_{12} für jene Systeme zusammengestellt, in denen ein zuverlässiger Vergleich mit der Landau-Zener-Theorie durchgeführt werden konnte. Wie nach der Theorie zu erwarten, nimmt die Größe der Matrixelemente H_{12} mit wachsendem Kernabstand R_k ab. Vergleichswerte anderer Autoren sind ebenfalls in Tabelle III aufgeführt.

Tabelle III: Lage der Kreuzungspunkte und Größe der Wechselwirkungsenergien H_{12} in einigen untersuchten Systemen

System	$\Delta E/eV$	R_k/a_o	H_{12}/eV	
Ar^{2+} + He	3,0	8,9	0,3	0,2 [170]
Ar^{2+} + Ne	6,1	5,1	0,53	0,7 [170]
				0,3 [122]
Cs^{3+} + Ne	13,6	3,8	0,72	
Cs^{2+} + Kr	11	2,5	1,3	
Kr^{2+} + H	11	2,5	1,5	
Ar^{2+} + Ar	11,8	2,3	1,47	0,88 [171]

Wenden wir uns jetzt den Systemen zu, bei denen eine größere Anzahl von wechselwirkenden Zuständen die Größe des Einfangquerschnittes bestimmt. Ein Vergleich ist dabei möglich mit den theoretischen Modellen, die in Abschnitt 2.2 beschrieben sind. Exakte quantenmechanische Rechnungen sind wegen der komplexen Struktur der verwendeten Projektile in diesen Systemen nicht durchgeführt worden. Betrachten wir zunächst den einfacheren Fall des Einelektronentargets, d. h. den Elektroneneinfang hochgeladener Ionen in atomarem Wasserstoff.

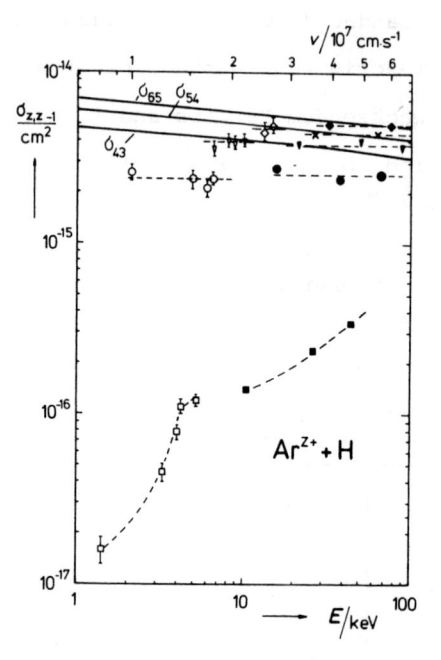

Fig. 44: Elektroneneinfang durch Ar^{z+}-Ionen in atomarem Wasserstoff. Offene Symbole: eigene Werte, volle Symbole: Werte von Crandall et al. [172].
(z: □,■ 2; O,● 3; ▽,▼ 4; x 5; ◊,♦ 6).
Die durchgezogenen Kurven entsprechen einer Theorie von Duman und Smirnov [173]

In Fig. 44 sind die Wirkungsquerschnitte für das System Ar^{z+} + H dargestellt. Zum Vergleich sind Werte von Crandall et al. [172], die bei Stoßenergien oberhalb 10 keV gewonnen wurden, angegeben, sowie Ergebnisse der Theorie von Duman und Smirnov [173]. Obwohl keine Überlappung im untersuchten Energiebereich vorliegt, kann eine gute Übereinstimmung zwischen den verschiedenen experimentellen Werten festgestellt werden. Für $z > 2$ sind die Wirkungsquerschnitte unabhängig von der Stoßenergie mit Werten zwischen 2×10^{-15} cm^2 und 6×10^{-15} cm^2. In unserem Experiment konnten Messungen mit Ar^{5+}-Projektilen nicht durchgeführt werden, da der Primärstrahl durch Beimengungen von O^{2+}-Ionen verunreinigt war.

Die theoretischen Ergebnisse stammen von Duman und Smirnov [173]; in ihrer Berechnung wird der Elektroneneinfang ebenfalls als Tunnelprozeß behandelt, wobei die Übergangswahrscheinlichkeit mit Hilfe der JWKB-Näherung bestimmt wird. Die berechneten Werte geben die Größe der einzelnen Wirkungsquerschnitte relativ gut wieder, allerdings wird der Anstieg der Wirkungsquerschnitte zu kleineren Stoßenergien hin durch das Experiment nicht bestätigt.

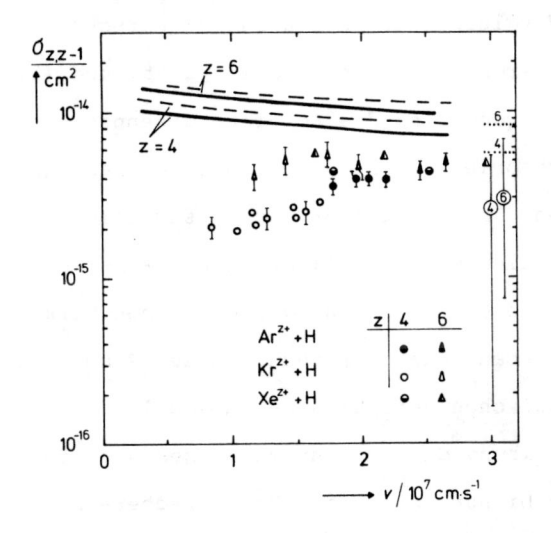

Fig. 45: Wirkungsquerschnitte für den Elektroneneinfang in dem System A^{z+} + H (1s), (z = 4,6). A = Xe [172], A = Ar [153]; —— Absorptionsmodell, - - - Tunnelmodell [59], ... klassisches Modell Gl. (2.55), ⊢④⊣ ⊢⑥⊣ klassisches Modell v. Ryufuku bzw. UDWA-Theorie [63,72]

In Fig. 45 sind die Wirkungsquerschnitte für verschiedene Projektile mit z = 4 und z = 6 in atomarem Wasserstoff zusammengefaßt. Für z = 4 schwanken die Werte je nach System zwischen 2×10^{-15} cm^2 und 5×10^{-15} cm^2, für z = 6 finden wir einen mehr oder weniger projektilunabhängigen Wert von $\sim 5 \times 10^{-15}$ cm^2. Sowohl das Absorptionsmodell als auch das Tunnelmodell sagen in den vorliegenden Systemen zu hohe Wirkungsquerschnitte voraus. Dies mag daran liegen, daß beim Elektroneneinfang in atomarem Wasserstoff die Anzahl der beteiligten Zustände im Bereich niedriger z-Werte stark begrenzt ist und somit die Annahme einer vollständigen "Absorption" bzw. eine "Quasikontinuums" im Ausgangskanal erst bei höheren z-Werten erfüllbar ist. Zu einem weiteren Vergleich sind die Wirkungsquerschnitte angegeben, die mit Hilfe der klassischen Formeln (2.55) und (2.61) berechnet wurden. Außerdem sind die Bereiche gekennzeichnet, die durch die UDWA-Theorie [72] für die einzelnen Ladungszahlen festgelegt werden. Insgesamt läßt sich feststellen, daß in diesen Systemen mit mittleren Projektilladungen die verschiedenen Modelle lediglich die Größenordnung der einzelnen Wirkungsquerschnitte gut wiedergeben. Exakte Rechnungen auf Grundlage der starken Kopplung zwischen verschiedenen molekularen Zuständen sollten zur Beschreibung dieser Systeme am geeignetsten sein. Allerdings sind diese bisher lediglich für einfachere Systeme durchgeführt worden.

Ein Vergleich der Ergebnisse verschiedener Theorien für das System C^{6+} + H (1s) mit experimentellen Werten in dem allgemeinen Stoßsystem A^{6+} + H (1s) wird in Fig. 46 vorgenommen.

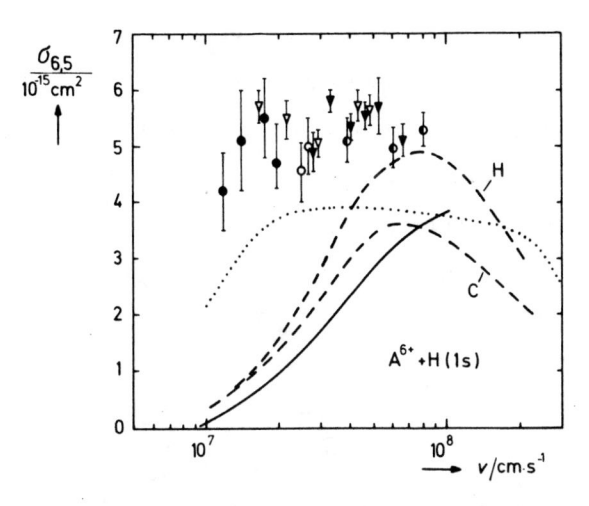

Fig. 46: Vergleich von experimentellen und theoretischen Wirkungsquerschnitten für die Reaktion
A^{6+} + H (1s) → A^{5+} + H^+.
Experiment: o Ar^{6+} [153], ◐ Ar^{6+} [172],
● Kr^{6+} [169], ∇ Xe^{6+}, ▼ Fe^{6+} [172].
Theorien ("close Coupling" Rechnungen für
C^{6+} + H (1s)):
—— Berücksichtigung von 11 molekularen Zuständen [69];
- - - Berücksichtigung von 6 molekularen Zuständen [70], wobei der Koordinatenursprung im C-Atom bzw. im H-Atom festgelegt ist; .... UDWA-Theorie [65]

Die verschiedenen Theorien ergeben für das Einelektronensystem C^{6+} + H insbesondere bei niedrigen Stoßenergien einen stark energieabhängigen Wirkungsquerschnitt. Dies beruht auf der großen Symmetrie dieses Stoßsystems, die zu einer starken Reduktion der Anzahl der koppelnden Zustände führt. Im Gegensatz hierzu zeigen die gemessenen Wirkungsquerschnitte für Projektile mit mehreren

Elektronen einen nahezu konstanten Wert, da mehrere Zustände an dem Elektroneneinfangprozeß beteiligt sind. Die Ergebnisse der quantenmechanischen Rechnungen für das Einelektronensystem können daher im vorliegenden z-Bereich nicht für Aussagen über komplexere Stoßsysteme herangezogen werden.

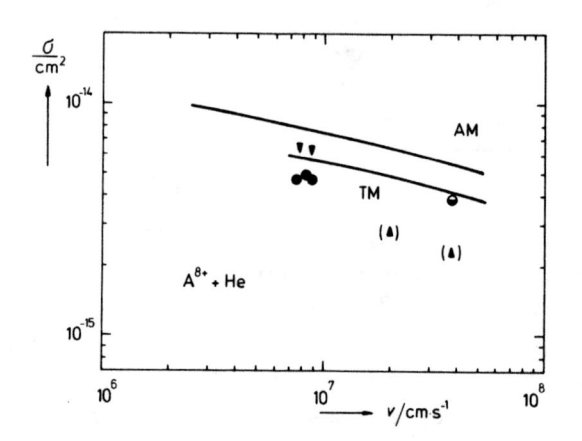

Fig. 47: Totale Einfangquerschnitte ($\sigma_{87} + \sigma_{86}$) im Stoßsystem A^{8+} + He. ▼ Pb^{8+}, ● Bi^{8+} [107];
◐ Ar^{8+} [174,175]
▲ σ_{87} für Xe^{8+} [174,176].
—— AM Absorptionsmodell von Olsen, Salop;
—— TM Tunnelmodell von Grozdanov, Janev [59]

Als Beispiel für die Ergebnisse in dem Helium Target sind in Fig. 47 die Wirkungsquerschnitte für die System A^{8+} + He dargestellt. Um einen Vergleich mit den verschiedenen Modellen durchführen zu können, ist die Summe der Wirkungsquerschnitte für den Ein- und Zweielektroneneinfang aufgetragen. Im Gegensatz zu den in Fig. 45 dargestellten System stimmen für z = 8 die experimentellen Ergebnisse mit den theoretischen Aussagen sehr gut überein.

Insbesondere das Tunnelmodell von Grozdanov und Janev gibt
den Verlauf der Wirkungsquerschnitte sehr gut wieder, vor allem
wenn man berücksichtigt, daß im System Xe^{8+} + He der Beitrag
des Zweielektronentransfers hinzugefügt werden müßte. Die gute
Übereinstimmung besagt offensichtlich, daß die in dem Modell
gemachten Annahmen über den Einfangprozeß (viele Kurvenkreuzungen, quasikontinuierliche Endzustände) im System A^{z+} + He für
$z \gtrsim 8$ erfüllt sind.

Eine entsprechende Situation läßt sich auch bei niedrigeren
Ladungszahlen vorfinden, nämlich dann, wenn ein molekulares Target verwendet wird. Erfolgt die Umladung bei sehr großen Abständen zwischen Projektil und H_2-Molekül, so ist neben dem reinen
Elektroneneinfang ein Übergang vom H_2-Grundzustand ($^1\Sigma_g^+$, $\nu=o$)
zum Zustand ($^2\Sigma_g^+$, ν') des H_2^+-Ions zu berücksichtigen. Hierbei
können verschiedene Schwingungszustände ν' des molekularen Ions
gebildet werden, ihre relative Häufigkeit hängt von der Überlappung der Kernwellenfunktionen ab, d. h. von den sogenannten
Franck-Candon-Faktoren q [177].

In Fig. 48 sind die Wirkungsquerschnitte für die Reaktion

$$A^{5+} + H_2 \, (^1\Sigma_g^+, \nu = o) \rightarrow A^{4+} + H_2^+ \, (^2\Sigma_g^+, \nu') \qquad (4.5)$$

dargestellt, die mit Hilfe von Gl. (2.41) für verschiedene Schwingungsquantenzahlen ν' berechnet wurden. Zur Bestimmung eines
mittleren Wirkungsquerschnittes für den Elektroneneinfang müssen
allerdings die relativen Beiträge der einzelnen Schwingungszu-

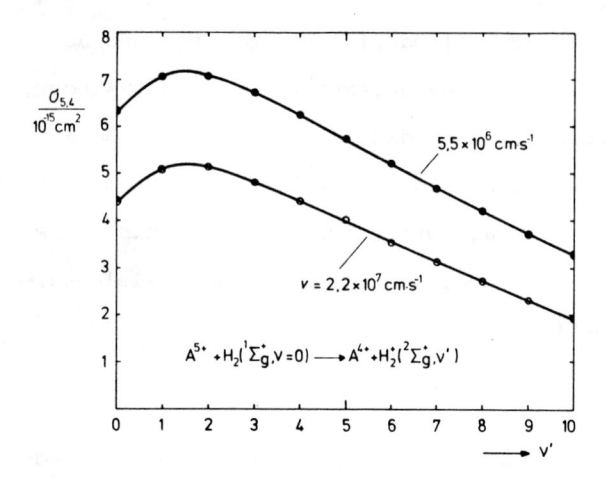

Fig. 48: Wirkungsquerschnitt für den Elektroneneinfang im System $A^{5+} + H_2$ in Abhängigkeit von der Schwingungsquantenzahl ν' des Targetions H_2^+ (Gl. (2.41))

stände berücksichtigt werden, d. h. es muß eine geeignete Mittelung über die verschiedenen ν'-Werte durchgeführt werden. Dabei zeigt sich, daß vor allem die Niveaus $\nu' = 1 - 4$ an der Umladung beteiligt sind. Die Voraussetzung für die Anwendbarkeit der Modelle von Olson und Salop bzw. von Grozdanov und Janev sollten daher gut erfüllt sein. In Fig. 49 ist der berechnete Wirkungsquerschnitt zusammen mit experimentellen Daten sowie dem Ergebnis des Tunnelmodells dargestellt. Wir finden, daß im molekularen H_2-Target sowohl das Absorptionsmodell als auch das Tunnelmodell die Wirkungsquerschnitte in den verschiedenen Systemen bereits für $z = 5$ gut beschreiben.

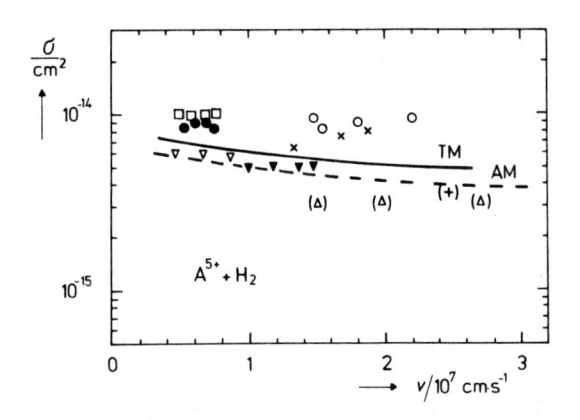

Fig. 49: Elektroneneinfangquerschnitte ($\sigma_{54} + \sigma_{53}$) in dem System $A^{5+} + H_2$. Experiment: □ Bi^{5+}, ● Pb^{5+}, ▽ Cs^{5+}, x Al^{5+}, o Mg^{5+} [107]; ▼ Kr^{5+} [169] ; (Δ)Xe^{5+} (σ_{54}), (+)Fe^{5+} (σ_{54}) [172] . Theorie:

—— TM, Tunnelmodell von Grozdanev und Janev [61],

- - AM, Rechnung nach dem Absorptionsmodell

4.5 Skalierung der Wirkungsquerschnitte bei hohen Ladungszahlen z

Im allgemeinen Stoßsystem A^{z+} + B sind die gemessenen Wirkungsquerschnitte für $z \geq 4$ unabhängig von der Stoßenergie ($v \ll v_o$) und von der speziellen Natur der verwendeten Projektile (siehe z. B. Fig. 46). Die Größe der Wirkungsquerschnitte wird bei vorgegebenem Target im wesentlichen durch die Ladungszahl z bestimmt. In diesem Bereich ist es daher sinnvoll, z. B. nach einer Skalierung der Wirkungsquerschnitte mit der Projektilladung zu fragen.

Die Untersuchung einer Skalierung der Wirkungsquerschnitte mit Parametern, die den Stoßprozeß beschreiben (Projektilladung z und Bindungsenergie des Elektrons im Target I_B), ist in zweierlei Hinsicht von Interesse. Zum einen ist es damit möglich, die Güte der verschiedenen Theorien, die unterschiedliche Antworten bezüglich der Skalierung geben, zu überprüfen. Zum anderen werden die Skalierungen benötigt bei der Abschätzung der Wirkungsquerschnitte jener Reaktionen, die zur Zeit in Laborexperimenten nicht untersucht werden können, die jedoch in vielen Anwendungsbereichen eine wichtige Rolle spielen (z. B. Elektroneneinfangreaktionen für z > 10 bei Stoßenergien um 1 keV). Für die Existenz einer solchen Skalierung ist es notwendig, daß der Elektroneneinfangprozeß überwiegend durch einen Reaktionsmechanismus bestimmt wird. Im Bereich niedriger Stoßgeschwindigkeiten sind dies die nichtadiabatischen Übergänge an den "Pseudokreuzungen" der beteiligten Potentialkurven. Ist z genügend hoch und betrachtet man ein Mehrelektronensystem, so wird im allgemeinen die Dichte dieser Kreuzungspunkte sehr hoch sein und man kann die Verteilung der Kreuzungspunkte als quasikontinuierlich ansehen. Spezielle Projektileigenschaften außer der Ladung z·e werden in diesem Falle keine Rolle spielen. Betrachtet man jedoch den Bereich höherer Stoßgeschwindigkeiten, so können andere Reaktionsmechanismen an Bedeutung gewinnen, z. B. nimmt der Einfluß innerer Schalen auf den Elektroneneinfangprozeß zu. Es ist daher zu erwarten, daß keine allgemein gültige Skalierung für den gesamten Geschwindigkeitsbereich existiert. Wir wollen uns im folgenden auf den Bereich $v < v_o$ beschränken.

Tabelle IV: Abhängigkeit der Wirkungsquerschnitte von der Ladungszahl z und der Bindungsenergie I_B (10^7 cm/s $\leq v \leq 10^8$ cm/s).

Theorie	z-Bereich	z-Abhängigkeit	I_B-Abhängigkeit
erweitertes Landau-Zener-Modell [52]		$\sim z^{3/2}$	
Absorptionsmodell [39]	≥ 4	$\sim z$	$\sim I_B^{-1}$
Tunnelmodell [58]	≥ 10	$\sim z \cdot \ln z$	$\sim I_B^{-3/2}$
[59]	≥ 5	$\sim z$	$\sim I_B^{-3/2}$ (für $z \to \infty$)
Modell der klassisch erlaubten Übergänge		$\sim z$	$\sim I_B^{-2}$
UDWA [72]	≥ 4	$\sim z^{1,07}$	
Presnyakov, Ulantsev [73]	≥ 10	$\sim z^2$	$\sim I_B^{-2}$

In Tabelle IV sind die Aussagen der verschiedenen Theorien hinsichtlich der Abhängigkeit der Wirkungsquerschnitte von der Ladungszahl z und der Bindungsenergie I_B zusammengestellt. Die Gültigkeit dieser Aussagen ist in den meisten Modellen auf den Bereich $z \geq 4$ beschränkt. Es zeigt sich, daß die Abhängigkeit von der Ladungszahl z für hohe Werte von z durch eine Potenzfunktion dargestellt werden kann ($\sigma \sim z^{\alpha'}$), wobei der Exponent α' im betrachteten Geschwindigkeitsbereich Werte zwischen 1 und 2 annimmt. Die Abhängigkeit der Wirkungsquerschnitte von der Bindungsenergie kann auf eine ähnliche Weise beschrieben werden ($\sigma \sim I_B^{\beta'}$), wobei die Exponenten β' Werte zwischen -1 und -2 annehmen.

In Fig. 50 sind zur Illustration der z-Abhängigkeit die Wirkungsquerschnitte im System A^{z+} + H entsprechend den verschiedenen Theorien gegenübergestellt. Es zeigt sich, daß insbesondere bei hohen Ladungszahlen die Theorien zu stark unterschiedlichen Ergebnissen führen, so daß einer experimentellen Untersuchung der Skalierungsgesetze in diesem Bereich eine große Bedeutung zukommt.

Für Ladungszahlen zwischen 2 und 8 wurde von Müller und Salzborn [179] eine ausführliche Untersuchung dieser Skalierung bei Stoßenergien $v \leq v_o$ durchgeführt. Ausgehend von der Beziehung [73]:

$$\sigma_{z,z-1} = \pi a_o^2 \cdot z^2 (13,6 \text{ eV}/I_B)^2 \text{ für } z \geq 10, \quad (4.6)$$

fanden die Autoren durch eine Analyse einer großen Anzahl von Wirkungsquerschnitten folgende Beziehung:

$$(\sigma_{z,z-1}/\text{cm}^2) = 1,43 \times 10^{-12} \cdot z^{1,17} \cdot \left(\frac{I_B}{\text{eV}}\right)^{-2,76}. \quad (4.7)$$

Der Wirkungsquerschnitt für den Einelektronentransfer wächst nahezu linear mit der Ladungszahl z an. Unsere Experimente, die bei etwas niedrigeren Stoßgeschwindigkeiten durchgeführt wurden, zeigen eine ähnliche Abhängigkeit; in den System Ar^{z+}, Kr^{z+} + H_2 finden wir für $z \geq 4$ einen Wert von $\alpha = 1,1$ [104,180]. Wie Fig. 51 zeigt, werden die gemessenen Wirkungsquerschnitte sehr gut durch die Theorie von Grozdanov und Janev [61] beschrieben.

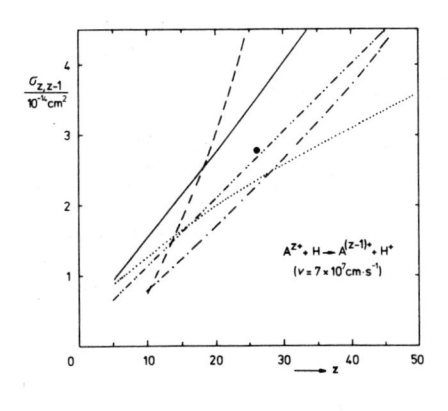

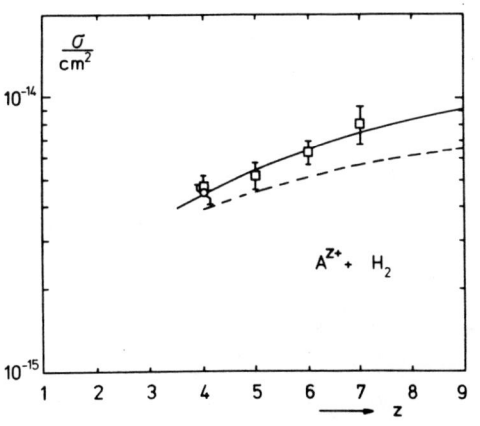

Fig. 50:

z-Abhängigkeit der Elektroneneinfangquerschnitte im System A^{z+} + H [178].

--- Presnyakov, Ulantsev [73]

—— Grozdanov, Janev [59]

-·-· Ryufuku, Watanabe [65]

... Olson, Salop [39]

● Salop, Olson (Fe^{26+}) [77]

-··-·· Duman, Smirnov [173]

Fig. 51:

Abhängigkeit des Wirkungsquerschnittes $(\sigma_{z,z-1} + \sigma_{z,z-2})$ von der Projektilladung z ($v \simeq 1,5 \times 10^7$ cm·s^{-1}). Projektile: O Ar^{z+}, □ Kr^{z+}. Die durchgezogene Kurve entspricht dem Tunnelmodell [61], die gestrichelte Kurve wurde nach dem Absorptionsmodell berechnet

Ein Überblick über den Gültigkeitsbereich dieser Skalierung wird in Fig. 52 für die beiden Targetgase He und H_2 gegeben. Es zeigt sich, daß für z = 2 die Größe der Wirkungsquerschnitte sehr stark von dem verwendeten Projektil abhängt; die Werte streuen in einem Bereich von 2 bis 3 Dekaden. Wir können daraus schließen, daß die Ladungszahl z kein ausreichendes Charakteristikum für das Projektilion darstellt; weitere spezifische

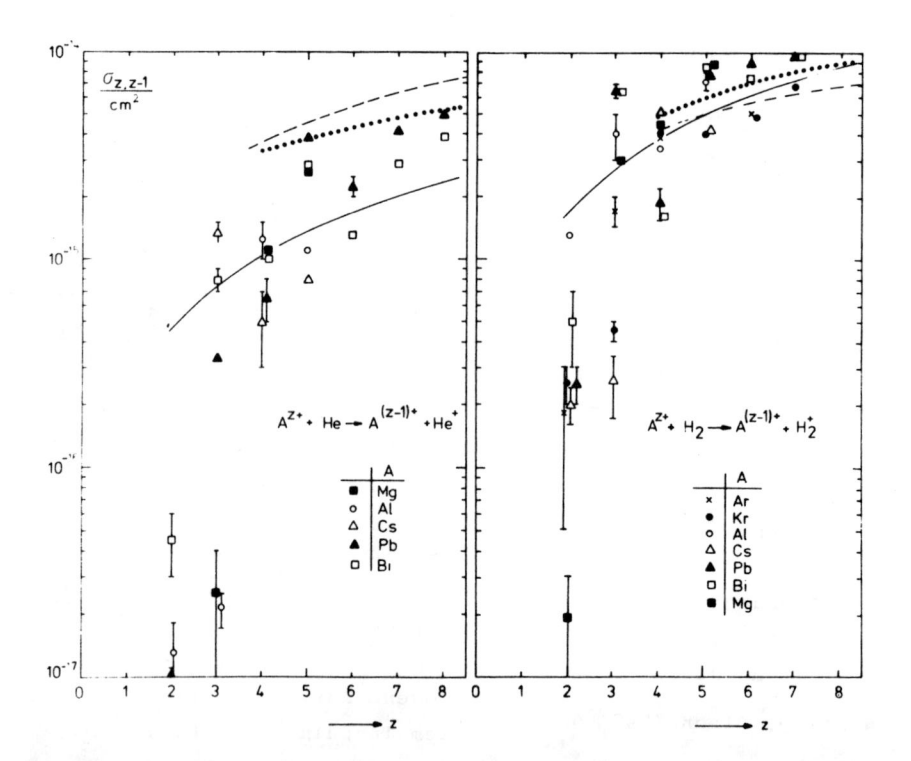

Fig. 52: Einelektroneneinfangquerschnitte in den Gasen He und H_2 in Abhängigkeit von der Ladungszahl z (5×10^6 cm s^{-1} $\leq$ v $\leq$ 2×10^7 cm s^{-1}). Die eingezeichneten Balken geben den Bereich der energieabhängigen Wirkungsquerschnitte wieder. —— empirische Relation, Gl. (4.7); --- Absorptionsmodell; .... Tunnelmodell [61]

Eigenschaften, wie Elektronenkonfiguration oder die energetische Lage der einzelnen atomaren Niveaus, müssen Berücksichtigung finden. Wird die Projektilladung erhöht, so nimmt die Streuung der Wirkungsquerschnitte für verschiedene Ionen ab, z gewinnt an Bedeutung als entscheidende Projektileigenschaft. In molekularem Wasserstoff können somit mittlere Wirkungsquerschnitte für den Einelektroneneinfang für $z \geq 5$ mit hinreichender Genauigkeit durch ein Skalierungsgesetz beschrieben werden. Im He-Target scheint die Skalierung erst bei höheren Ladungszahlen sinnvoll zu sein; dies liegt an der hohen Ionisierungsenergie des He-Atoms, wodurch die Forderung nach quasikontinuierlichen Endzuständen bei der Umladungsreaktion erst bei höheren z-Werten erfüllt werden kann. Zum Vergleich sind in Fig. 52 die theoretischen Werte nach dem Tunnel- und dem Absorptionsmodell, sowie die Werte nach der empirischen Beziehung von Müller und Salzborn eingetragen. Es zeigt sich, daß für $z \geq 5$ ein nahezu linearer Anstieg der Wirkungsquerschnitte mit der Ladungszahl erfolgt. Ob diese Beziehung allerdings auch bei $z > 10$ ihre Gültigkeit beibehält - wie es einige Theorien voraussagen - muß durch weitere Experimente noch bestätigt werden. Erste Untersuchungen [172] mit Projektilionen der Ladungszustände 9 - 12 lassen vermuten, daß in diesem Bereich die Wirkungsquerschnitte weniger stark anwachsen.

Wie bereits erwähnt, ist der Koeffizient α' außerdem abhängig von der Stoßgeschwindigkeit v. Bei $v > v_o$ wächst α' an und erreicht schließlich bei hohen Geschwindigkeiten einen Wert von α' = 5 [181]. Dieser Grenzwert folgt ebenfalls aus Berechnungen des Elektroneneinfanges in erster Bornscher Näherung.

Neben der Ladungszahl z ist die Bindungsenergie des Elektrons im Targetatom die zweite Größe, die das Stoßsystem charakterisiert. Je fester das Elektron gebunden ist, um so kleiner ist der Umladungsquerschnitt. Dieser Befund ist leicht verständlich, da bei einer festeren Bindung des Elektrons ein "höherer" Potentialberg zwischen dem Ion und dem Targetatom überwunden werden muß und dadurch ein Zerfall des quasistationären Elektronenzustandes behindert wird. Diese Abnahme der Wirkungsquerschnitte mit I_B, die von verschiedenen Theorien gefordert wird (siehe Tabelle IV), ist in mehreren Experimenten nachgewiesen worden [182,180,172].

In Fig. 53 sind die Wirkungsquerschnitte $\sigma_{z,z-1}$ für $3 < z < 8$ in Abhängigkeit von der Ionisierungsenergie des Targets aufgetragen worden. Wie bereits in Fig. 52 finden wir auch hier eine starke Streuung der Wirkungsquerschnitte bei kleinen Ladungszahlen und einen abnehmenden Einfluß spezifischer Projektileigenschaften, wenn der Wert von z erhöht wird. Es zeigt sich außerdem, daß die mittlere Abnahme der Wirkungsquerschnitte mit I_B zu kleinen Ladungszahlen hin zunimmt. Dieses Verhalten ist verständlich, wenn man die Anzahl der zur Umladung beitragenden Reaktionskanäle berücksichtigt. Für $z = 3$ ist diese Anzahl auch bei Targetgasen mit niedriger Ionisierungsenergie noch relativ gering; wird die Bindungsenergie des Elektrons erhöht,

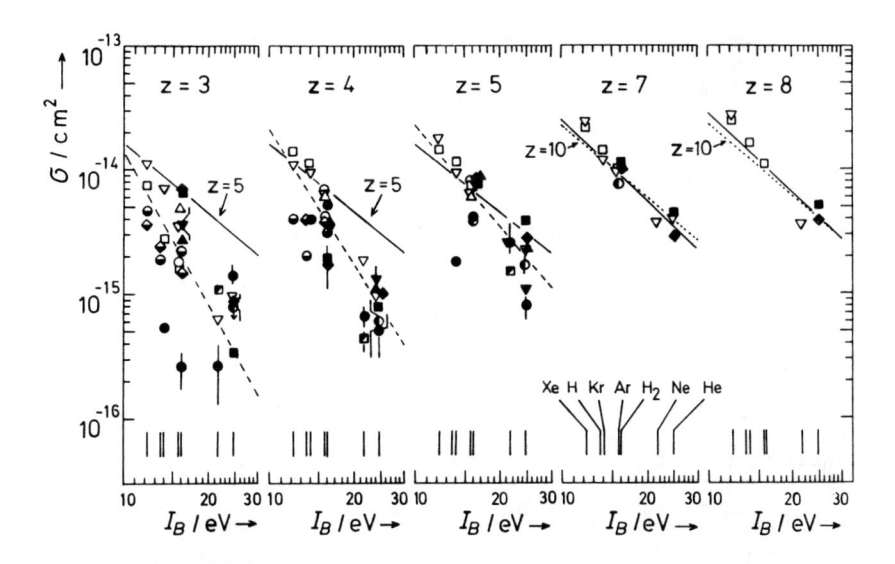

Fig. 53: Abhängigkeit der Elektroneneinfangquerschnitte $\sigma_{z,z-1}$ von der Bindungsenergie I_B

Projektilionen: ▲ Mg, ▼ Al, ● Cs, ■ Pb (0,6-8 keV)
[107]

◐ Ne, ◆ Ar, ◐ Kr, ◨ Xe (1-5 keV)
[180]

△ Ne, ▽ Ar, ○ Kr, □ Xe (30 keV)
[179]

----- Fitkurve durch die experimentellen Daten

——— Tunnelmodell [59]; .... Xe^{10+} + B
[182]

so führt eine weitere Reduzierung dieser Anzahl zu einer starken Abnahme des Wirkungsquerschnitts. Betrachten wir dagegen den Fall z = 8, so bilden die Ausgangszustände unabhängig von der Festigkeit der Elektronenbindung am Target ein Quasikontinuum, dessen Niveaudichte nur schwach von I_B abhängt. Die Abhängigkeit des Wirkungsquerschnittes von I_B sollte daher geringer sein.

Ein Vergleich mit den theoretischen Ergebnissen von Grozdanov und Janev zeigt, daß für $z \geq 5$ das Tunnelmodell sehr gute Übereinstimmung mit den experimentellen Werten liefert. Für $z = 8$ und $z = 7$ fallen die Ergebnisse bereits zusammen mit experimentellen Werten im Stoßsystem (Xe^{10+} + B) [177]. Die Abhängigkeit entspricht in diesem Bereich einer quadratischen Zunahme mit $(1/I_B)$.

Ein Vergleich der gefundenen Skalierungen mit den Aussagen der einzelnen Theorien zeigt, daß das Absorptionsmodell, das Tunnelmodell, das klassische Modell sowie die UDWA-Theorie die Abhängigkeit der Wirkungsquerschnitte von der Ladungszahl z richtig wiedergeben. Darüber hinaus ist das Tunnelmodell, das klassische Modell und die Theorie von Presnyakov und Ulantsev in der Lage, die I_B-Abhängigkeit der Meßwerte näherungsweise zu beschreiben. Um allgemeine Aussagen über die Anwendbarkeit einzelner Theorien machen zu können, erscheint es dennoch notwendig, Experimente mit Projektilionen ($z \geq 10$) durchzuführen.

4.6 Oszillationen in der z-Abhängigkeit der Elektroneneinfangquerschnitte

Nachdem wir im vorangehenden Abschnitt die Abhängigkeit eines mittleren Wirkungsquerschnittes für verschiedene Stoßsysteme von der Ladungszahl z betrachtet haben, wollen wir nun das Verhalten einzelner Stoßsysteme genauer untersuchen. Dabei zeigt sich, daß in den meisten Systemen die Umladungsquerschnitte nicht monoton mit der Ladungszahl z anwachsen, wie es von dem Skalierungsgesetz gefordert wird. Vielmehr treten Unregelmäßigkeiten in der z-Abhängigkeit auf; ja oszillatorische Strukturen können dazu führen, daß die Wirkungsquerschnitte für Projektile mit höherer Ladungszahl wesentlich kleiner sind als jene für niedrige z-Werte. Als Beispiel wurde bereits das System Xe^{z+}+Ne erwähnt, in welchem σ_{43} wesentlich kleiner als σ_{32} ist (siehe Fig. 42). Dieser Effekt tritt nicht nur im Bereich niedriger Ladungszahlen auf, wo er leicht auf spezifische Eigenschaften der

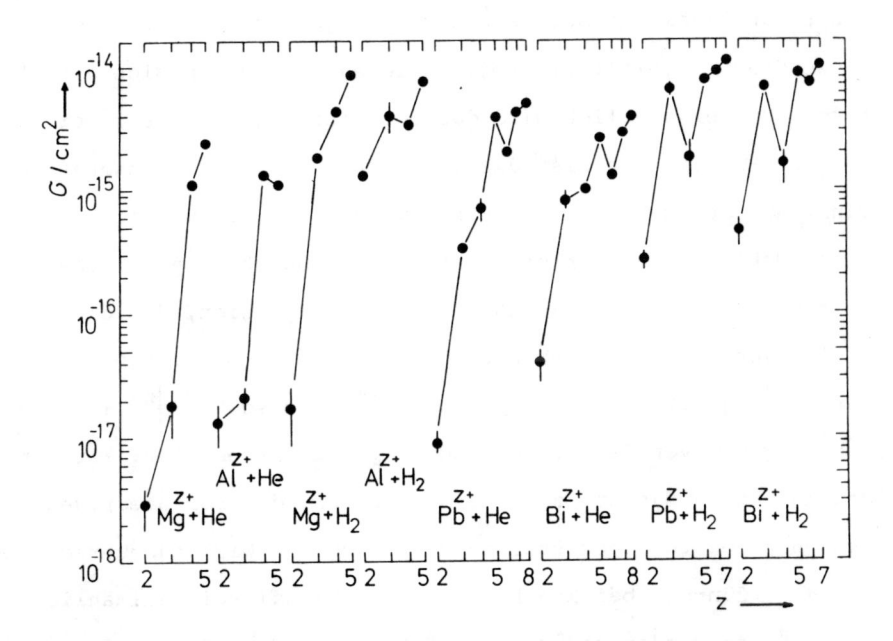

Fig. 54: Abhängigkeit der Wirkungsquerschnitte $\sigma_{z,z-1}$ von der Projektilladung $z \cdot e$ [107]. Die Energieabhängigkeit einzelner Werte wird durch Balken gekennzeichnet

Projektilionen in verschiedenen Ladungszuständen zurückgeführt werden könnte, sondern auch für z > 5, einem Bereich also, in dem die Beiträge vieler wechselwirkender Zustände zu energieunabhängigen Wirkungsquerschnitten führen.

In Fig. 54 sind die Strukturen in der z-Abhängigkeit für verschiedene Systeme dargestellt. Im System Bi^{z+} + H_2 finden wir recht regelmäßige Strukturen, die zu beachtlichen Schwankungen in der Größe der Wirkungsquerschnitte führen ($\sigma_{32} \approx 4 \cdot \sigma_{43}$). Betrachten wir verschiedene Projektilionen, so finden wir ein ähnliches Verhalten für dicht benachbarte Projektilmassen (z. B. Bi^{z+} und Pb^{z+}), die Maxima und Minima treten bei denselben Ladungszahlen z auf. Wechseln wir jedoch das Target oder verwenden wir leichtere Projektilionen, so ändern sich die Strukturen. Unübersichtlich wird das Verhalten insbesondere bei niedrigen z-Werten, da hier die charakteristischen Eigenschaften einzelner Stoßsysteme von entscheidender Bedeutung sind. Bei einer Untersuchung der oszillatorischen Strukturen in Abhängigkeit von der Projektilgeschwindigkeit zeigt sich, daß dieser Effekt vor allem auf den niederenergetischen Bereich beschränkt ist. In Fig. 55 sind die Systeme Kr^{z+} + He sowie Xe^{z+} + Ne in Abhängigkeit von der Stoßgeschwindigkeit dargestellt. Wir finden in beiden System, daß die Strukturen, die bei niedrigen Stoßenergien zu einer starken Absenkung des Wirkungsquerschnittes $\sigma_{4,3}$ führen, bei Erhöhung der Geschwindigkeit allmählich ausgedämpft werden und ein Verlauf erreicht wird, der durch die z-Skalierung beschrieben werden kann.

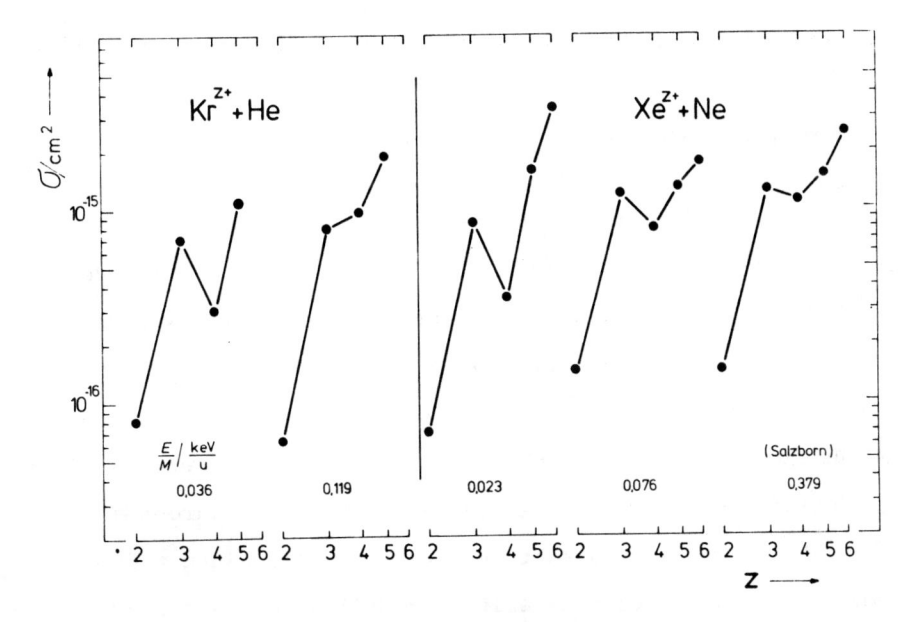

Fig. 55: Strukturen in der z-Abhängigkeit der Wirkungsquerschnitte. Die Werte von Salzborn [122] wurden bei einer Stoßenergie von 50 keV gemessen

Die Existenz von Anomalien in der monotonen z-Abhängigkeit der Wirkungsquerschnitte ist bereits seit längerem für den Bereich sehr hoher Stoßenergien ($v > v_o$) bekannt. In verschiedenen Experimenten [183-185] konnten diese Effekte auf den Einfluß abgeschlossener Elektronenschalen bzw. Unterschalen des Projektilions zurückgeführt werden. Das Auftreten von langsamen Oszillationen in der z-Abhängigkeit der Wirkungsquerschnitte (in den Systemen Ta^{z+}, W^{z+}, Au^{z+} + H_2; $5 \leq z \leq 18$; $v = (3-4) \cdot 10^8$ cm/s) wurde von den Autoren [186-188] als Interferenzeffekt gedeutet, der durch die Überlagerung des langreichweitigen Coulombpotentials des hochgeladenen Ions mit dem kurzreichweitigen, abgeschirmten Coulombpotential des restlichen Elektronenrumpfes hervorgerufen wird.

Das Auftreten der Strukturen bei niedrigen Stoßenergien ist bisher kaum untersucht worden. Neben zwei theoretischen Behandlungen [63,83] (siehe Abschnitt 2.24 und 2.25) wurden in allerletzter Zeit von Afrosimov et al. [189] reine Einelektronensysteme (nackter Kern ($6 \leq Z_1 \leq 10$) + atomarer Wasserstoff) bei niedrigen Stoßenergien untersucht. Trotz des Fehlens eines kurzreichweitigen Potentials in diesen Systemen wurden auch hier oszillatorische Strukturen in der z-Abhängigkeit der Wirkungsquerschnitte festgestellt. Zur Zeit wird diese Frage ebenfalls in Experimenten von Bliman et al. [152] untersucht.

Die eigentlichen Ursachen für das Auftreten der Strukturen im Bereich niedriger Stoßenergien sind jedoch noch ungeklärt, insbesondere wenn komplexe Projektile - wie in den vorliegenden Experimenten - verwendet werden. Wir haben in unseren Experimenten verschiedene mögliche Ursachen genauer untersucht.

Prinzipiell können die Strukturen in der z-Abhängigkeit der Wirkungsquerschnitte durch unterschiedliche Anteile von metastabilen Ionen in den verschiedenen Primärstrahlen hervorgerufen werden. (Angeregte Zustände mit kurzen Lebensdauern spielen wegen der großen Laufzeiten zwischen Quelle und Stoßzelle keine Rolle.) Allgemeine Aussagen über die Abhängigkeit der Einfangquerschnitte von dem Anregungszustand der Projektilionen sind jedoch nur schwer möglich. Nikolaev et al. [185] konnten durch Erhöhung des metastabilen Anteils in einem N^{5+}-Ionenstrahl zeigen, daß der Elektroneneinfangquerschnitt um den Faktor 2 reduziert wurde. Der Grund hierfür liegt darin, daß das gebildete, doppelt angeregte N^{4+}-Ion instabil ist gegenüber Autoionisationsprozessen und somit das Nachweissystem nicht mit der gleichen Ladungszahl erreicht. Salzborn [122] fand bei der Umladung von Ar^{2+} in Argon eine Zunahme des Wirkungsquerschnittes, wenn metastabile Niveaus im Primärstrahl vorhanden waren; dies kann durch eine Erhöhung der Anzahl der effektiven Pseudokreuzungen erklärt werden. Verschiedene Rechnungen [160,190] und Experimente [191,192] zeigen, daß die Wirkungsquerschnitte für den Elektroneneinfang durch metastabile Ionen sowohl größer als auch kleiner sein können als die entsprechenden Werte der nicht angeregten Projektilionen.

Gehen wir davon aus, daß die beobachteten Strukturen in der z-Abhängigkeit durch metastabile Projektilione hervorgerufen werden, so sollten die Strukturen wenig von dem verwendeten Targetgas abhängen und vor allem sollten Ionenstrahlen mit isoelektronischen Konfigurationen (z. B. Pb^{z+} und $Bi^{(z+1)+}$) einen ähnlichen Einfluß zeigen. Beides wird im Experiment nicht festgestellt, so daß wir metastabile Primärionen als Ursache für die Oszillationen ausschließen (siehe hierzu auch Abschnitt 3.2.1).

Als zweite mögliche Ursache wurde der Einfluß abgeschlossener Elektronenschalen des Projektilions auf die Größe des Wirkungsquerschnitts untersucht. Experimente bei hohen Stoßenergien haben gezeigt, daß Einfangprozesse, die zu Konfigurationen abgeschlossener Elektronenschalen führen, einen besonders hohen Wirkungsquerschnitt aufweisen, während der Elektroneneinfang in eine fast leere atomare Schale einen erheblich reduzierten Wirkungsquerschnitt besitzt. Eine Übertragung der Ergebnisse für $v > v_o$ auf den adiabatischen Geschwindigkeitsbereich ist jedoch kaum möglich, da in einem Fall atomare Eigenschaften von besonderer Bedeutung sind, im anderen Fall eine quasimolekulare Beschreibung notwendig ist.

Eine Untersuchung der Systeme $Pb^{z+} + H_2$ bzw. $Pb^{z+} + He$ zeigt zwar, daß der Wirkungsquerschnitt beim Schalensprung von $z = 4$ nach $z = 5$ stark anwächst. Allerdings tritt keine Verschiebung der Strukturen zu benachbarten z-Werten auf, wenn wir die Projektilionen Pb^{z+} durch Bi^{z+} ersetzen (siehe Fig. 54). Man mag zwar einwenden, daß bei den schweren Projektilionen eine Schalenstruktur nicht stark ausgeprägt ist. Wir finden jedoch auch bei den leichten Projektilen Mg^{z+} und Al^{z+} keinen entsprechenden Einfluß der Schalenstruktur auf den Umladungsquerschnitt. Im Gegensatz zu hohen Stoßenergien ist die Bildung abgeschlossener Schalen durch den Elektroneneinfang im niederenergetischen Bereich nicht bevorzugt.

Um zu überprüfen, ob die in Abschnitt 2.2.4 und 2.2.5 angegebenen Theorien [63,83] in der Lage sind, auch das Auftreten der Oszillationen in komplexen Systemen zu beschreiben, wäre ein quantitativer Vergleich der Experimente mit den Theorien notwendig. Dies ist jedoch nicht ohne weiteres möglich, da beide

Theorien - in einem vereinfachten Modell - lediglich den Elektroneneinfang durch einen nackten Kern in atomarem Wasserstoff untersuchen. Im vorliegenden Fall müßte daher die Kernladung Z durch eine effektive Ionenladung z_{eff} ersetzt werden, welche die Abschirmung der restlichen Projektilelektronen berücksichtigt. Die Bestimmung von z_{eff} ist jedoch bei komplexen System schwierig durchzuführen, vor allem dann, wenn wie im Falle der schweren Projektilionen, keine ausreichende Information über die beteiligten atomaren Niveaus zur Verfügung steht. Die exakte Festlegung dieser Ladungszahl ist für einen Vergleich jedoch sehr kritisch, da die oszillatorischen Strukturen sehr schnell mit z_{eff} variieren.

Sowohl unsere Experimente wie auch die Theorien [83,63] zeigen, daß die Oszillationen vor allem auf den Bereich niedriger Stoßgeschwindigkeiten beschränkt sind; einem Bereich, in dem die Umladung durch die Potentialkurvenkreuzungen bestimmt wird. Soll der Effekt in komplexen Systemen ähnlich beschrieben werden wie im Rahmen der aufgeführten Theorien, so ist es notwendig anzunehmen, daß bei vorgegebenem z eine geringe Anzahl eng benachbarter Endzustände zur Umladung beiträgt und zu einem energieunabhängigen Wirkungsquerschnitt führt. Ändert man die Projektilladung, so wird eine andere Gruppe von Niveaus an Bedeutung gewinnen. Bei höheren Geschwindigkeiten läßt die Selektivität der Reaktion nach und viele beteiligte Zustände werden zu einer Verschmierung der Oszillationen führen. Für eine endgültige Klärung dieses Effektes ist es notwendig, Experimente mit höherer energetischer Auflösung durchzuführen, um die Ausgangskanäle eindeutig in Abhängigkeit von z_{eff} identifizieren zu können.

4.7 Vergleich der Elektroneneinfangquerschnitte in atomarem und molekularem Wasserstoff

Da den Elektroneneinfangquerschnitten in atomarem Wasserstoff insbesondere im Bereich der Fusionsforschung eine besondere Bedeutung zukommt, wäre es von Vorteil, wenn experimentelle Daten in molekularem Wasserstoff, die in größerer Zahl vorliegen, zu einer Abschätzung der entsprechenden Wirkungsquerschnitte in atomarem Wasserstoff herangezogen werden können. Es ist daher wichtig zu überprüfen, ob eine allgemeine Aussage über das Verhältnis beider Wirkungsquerschnitte gemacht werden kann bzw. welche Faktoren die Größe dieses Verhältnisses bestimmen. In verschiedenen Arbeiten ist diese Frage bereits diskutiert worden [7,8,164,172,193].

Da die Umladungsmechanismen stark von der Stoßgeschwindigkeit der Projektile abhängig sind, ist zu erwarten, daß auch das Verhältnis beider Wirkungsquerschnitte bei einem vorgegebenen System sich mit v ändert. Für den Bereich niedriger Stoßenergien sollten entsprechend dem Absorptionsmodell (siehe Abschnitt 2.2.2) die Wirkungsquerschnitte im molekularen Target niedriger sein als im atomaren Fall. In diesem Bereich führen sowohl die größere Ionisierungsenergie des H_2-Moleküls als auch die Berücksichtigung der Franck-Condon-Faktoren in Gl. (2.20) zu einer Reduzierung der Kopplungselemente in H_2. Folglich kann die Umladung im molekularen Target nicht bei solch großen Kernabständen erfolgen wie im atomaren Target (siehe Fig. 6). Betrachten wir den Bereich $v > v_o$, so verlieren die molekularen Eigenschaften an Bedeutung. Mann sollte erwarten, daß $\sigma_{z,z-1}$ (H) ungefähr den halben Wert von $\sigma_{z,z-1}$ (H_2) besitzt.

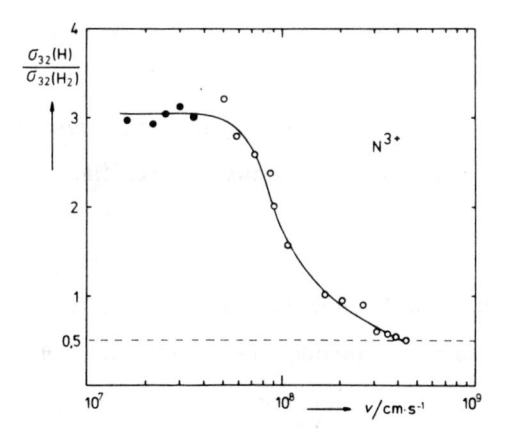

Fig. 56: Verhältnisse der Wirkungsquerschnitte $\sigma_{32}(H)/\sigma_{32}(H_2)$ für N^{3+}-Projektile in Abhängigkeit von der Stoßgeschwindigkeit

(● eigene Werte,
○ Phaneuf et al. [194])

Ein typisches Beispiel, das diesen Vorstellungen entspricht, ist in Fig. 56 dargestellt. Wir sehen, daß bei der Umladung 3-fach geladener Stickstoffionen in H und H_2 das Verhältnis beider Wirkungsquerschnitte einen Wert von ~ 3 annimmt für $v < 10^8$ cm·s^{-1}. Im Bereich $v \approx v_o$ nimmt das Verhältnis stark ab und erreicht bei $v \sim (4-5) \times 10^8$ cm s^{-1} den Grenzwert von ~ 0,5. Betrachten wir für z = 3 eine größere Anzahl verschiedener Projektile, so erhalten wir einen ähnlichen Befund. Wie eine Analyse zeigt, ist für $v \lesssim 10^8$ cms^{-1} das Verhältnis in den einzelnen Systemen nahezu konstant und nimmt Werte zwischen ~1 und ~3 an. Bei großen Geschwindigkeiten erfolgt ein Abfall der Kurven und der Grenzwert von 0,5 wird, wie Experimente von Goffe et al. [195] zeigen, bei den höchsten Energien deutlich unterschritten. Offensichtlich ist die Annahme, daß das Verhalten des H_2-Moleküls in Transferreaktionen bei hohen Geschwindigkeiten sehr gut durch das zweier freier H-Atome angenähert werden kann, nicht korrekt. Rechnungen von Tuan und Gerjuoy [196] liefern in der Tat Werte zwischen 0,36 und 0,42 für das Verhältnis $\sigma_{10}(H)/\sigma_{10}(H_2)$ bei umladenden Stößen von H^+ Ionen in H und H_2. Im Bereich hoher Geschwindigkeiten ist somit das H_2-Molekül wesentlich effektiver bei der Elektronenübergabe als zwei freie Wasserstoffatome.

Die Untersuchung der Wirkungsquerschnitte bei höheren Ladungszahlen liefert ein ähnliches Ergebnis wie für $z = 3$. Im Bereich niedriger Stoßenergie schwankt das Verhältnis der Wirkungsquerschnitte um einen Mittelwert von $\sim 1,36$ [172]. Berücksichtigen wir die Tatsache, daß für diese Ladungszahlen der Wirkungsquerschnitt mit $(I_B)^{-2}$ skaliert und verwenden wir die unterschiedlichen Bindungsenergien in H und H_2, so sollten wir folgenden Wert für das Verhältnis der Wirkungsquerschnitte erwarten:

$$\sigma_{z,z-1}(H) / \sigma_{z,z-1}(H_2) \simeq (I_B(H_2) / I_B(H))^2 \simeq 1,3. \quad (4.8)$$

Die gute Übereinstimmung mit dem experimentell gefundenen Mittelwert des Verhältnisses bei kleinen Stoßgeschwindigkeiten zeigt die besondere Bedeutung des Energiedefektes ΔE für die Größe der Wirkungsquerschnitte in H und H_2.

Wenden wir uns den Systemen mit z = 2 zu, so erscheinen die
Verhältnisse auf den ersten Blick sehr unübersichtlich. In
Fig. 57 sind die Größen $\sigma_{21}(H)/\sigma_{21}(H_2)$ für verschiedene Systeme
in Abhängigkeit von der Geschwindigkeit aufgetragen. Bei hohen

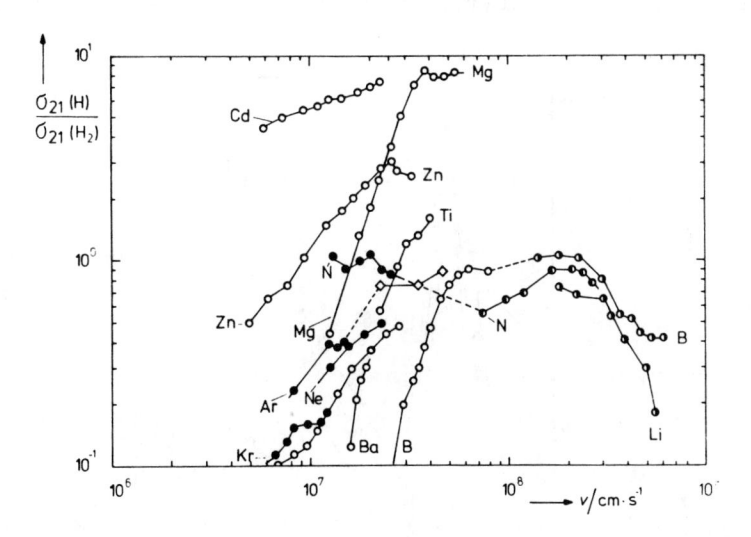

Fig. 57: Verhältnis der Wirkungsquerschnitte
$\sigma_{21}(H)/\sigma_{21}(H_2)$ für verschiedene Systeme in
Abhändigkeit von der Stoßgeschwindigkeit.

(● N, Ne, Ar, Kr , eigene Meßwerte;
◊ Ar [172] ; O B, Ba, Cd, Zn, Mg,Kr, Ti [164]
◐ N [194];◐ B,Li [195,197].)

Energien finden wir wie zuvor einen Abfall der Werte unter 1,
bei niedrigen Stoßgeschwindigkeiten nehmen die Werte jedoch ebenfalls ab und schwanken im Bereich von 0.1 bis 10. Dieses Verhalten wird sicherlich beeinflußt durch die unterschiedliche
Energieabhängigkeit der Wirkungsquerschnitte in atomarem und
molekularem Wasserstoff.

Wir wollen dennoch im folgenden versuchen, den Einfluß des Energiedefektes auf den Kurvenverlauf in Fig. 57 zu klären. Hierzu wurden in Fig. 58 die Wirkungsquerschnittsverhältnisse bei festgehaltener Stoßgeschwindigkeit in Abhängigkeit von dem Energiedefekt der Umladungsreaktionen dargestellt. Zur Bestim-

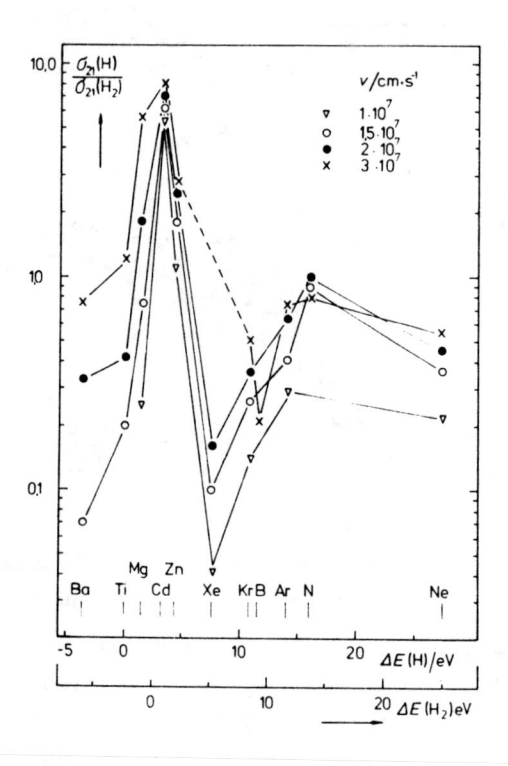

Fig. 58: Abhängigkeit des Wirkungsquerschnittsverhältnisses $\sigma_{21}(H)/\sigma_{21}(H_2)$ von dem Energiedefekt der Reaktion ($\Delta E(H)$ bzw. $\Delta E(H_2)$). Die Lage der einzelnen Projektile ist durch Striche gekennzeichnet

mung des Energiedefektes einzelner Reaktionen wurde davon ausgegangen, daß der Elektroneneinfang in H und H_2 in den Grundzustand des Projektilions erfolgt. Diese Annahme scheint gerechtfertigt bei Reaktionen mit ΔE-Werten unterhalb $\approx$ 10 eV, insbesondere wenn wir den maximalen Wirkungsquerschnitt einer Reaktion in Abhängigkeit vom ΔE-Wert betrachten (siehe Fig. 37). Bei Systemen, in denen der Elektroneneinfang in den Grundzustand mit einer größeren Wärmetönung verbunden ist, kann allerdings ein Beitrag durch angeregte Zustände nicht ausgeschlossen werden. Wie Fig. 58 zeigt, führt diese Darstellung im vorliegenden Bereich nahezu unabhängig von der Geschwindigkeit zu einer charakteristischen Kurvenform. Das Verhältnis der Wirkungsquerschnitte zeigt ein Maximum bei Werten von $\Delta E(H) \simeq 3$ eV und ein Minimum bei $\Delta E(H) \simeq 8$ eV. Dieses Verhalten wird verständlich, wenn wir die Aussagen von Fig. 37 berücksichtigen. Ein System, das in atomarem Wasserstoff einen Energiedefekt von $\Delta E(H) = 3$ eV besitzt, ist im molekularen System weit weniger exotherm, $\Delta E(H_2) \simeq 0,6$ eV. Entsprechend Fig. 37 ist daher der maximal erreichbare Wirkungsquerschnitt $\sigma_{21}(H)$ im atomaren Target weitaus höher als im molekularen Fall. Umgekehrt sind die Verhältnisse für $\Delta E(H) \sim 8$ eV; jetzt liegt die Kurvenkreuzung im molekularen System bei günstigen Kernabständen ($\Delta E(H_2) \sim 5.6$ eV), was zu einem Wirkungsquerschnittsverhältnis $\sigma_{21}(H)/\sigma_{21}(H_2) < 1$ führt.

In Fig. 59 ist der Wirkungsquerschnitt $\sigma_{21}(H)$ entsprechend Fig. 37 in Abhängigkeit von $\Delta E(H)$ aufgetragen. Gehen wir vom atomaren zum molekularen Target über, so ändert sich der Energiedefekt der einzelnen Grundzustandsreaktionen um 2,4 eV, was durch eine verschobene $\Delta E(H_2)$-Skala beschrieben werden kann. Bezüglich dieser Skala läßt sich ebenfalls ein Wirkungsquerschnitt $\sigma_{21}(H_2)$ eintragen. Durch Division beider Kurven erhalten wir für das Verhältnis $\sigma_{21}(H) / \sigma_{21}(H_2)$ in Abhängigkeit von $\Delta E(H)$ Werte zwischen 0,2 und 10. Die auf diese Weise er-

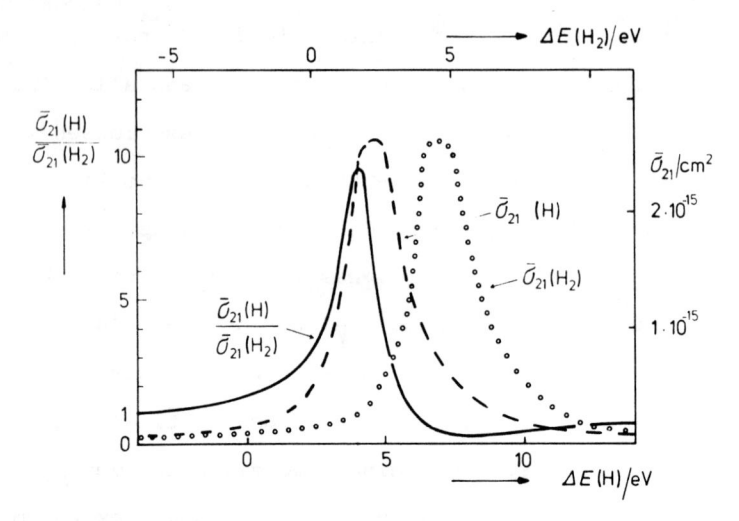

Fig. 59: Abhängigkeit der Wirkungsquerschnitte $\sigma_{21}(H)$ und $\sigma_{21}(H_2)$ sowie ihres Verhältnisses von dem Energiedefekt der Reaktion

haltene Kurve ist zum Vergleich mit den experimentellen Werten in Fig. 60 dargestellt; hierbei stellen die experimentellen Werte Mittelungen über den Geschwindigkeitsbereich (1 x 10^7 - 4 x 10^7) cm/s dar.

Ein quantitativer Vergleich beider Kurven kann nicht vorgenommen werden, da die experimentellen Werte Verhältnisse der energieabhängigen Wirkungsquerschnitte darstellen, die theoretische Kurve jedoch Aussagen über das Verhältnis der Wirkungsquerschnitte in deren Maximum macht. Da der Verlauf der experimentellen Werte im vorliegenden Geschwindigkeitsbereich jedoch nicht stark

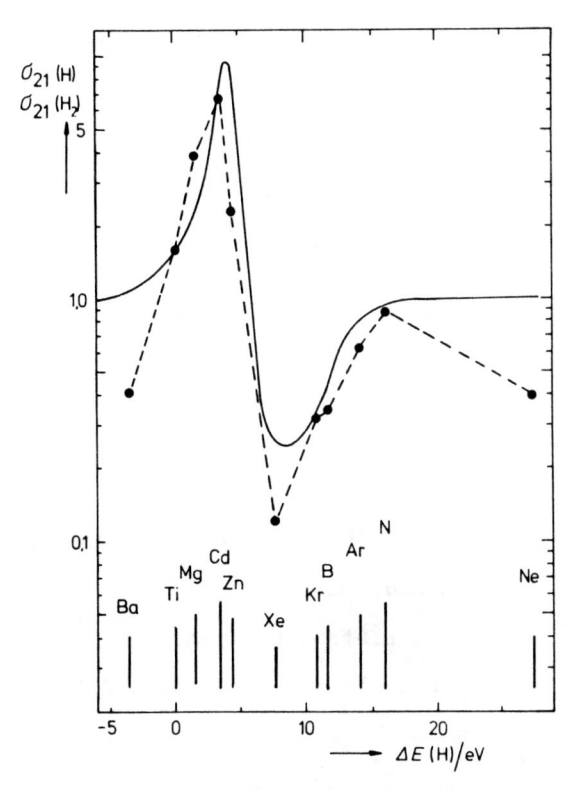

Fig. 60: Verhältnis der Wirkungsquerschnitte $\sigma_{21}(H)/\sigma_{21}(H_2)$ in Abhängigkeit von $\Delta E(H)$.

---- experimentelle Kurve, bestimmt aus Fig. 59 durch Mittelung über den Geschwindigkeitsbereich $1 \times 10^7 < v < 4 \times 10^7$. —— aus Fig. 59 übertragene Kurve. Die Energiedefekte der Reaktionen verschiedener Projektile sind durch Striche gekennzeichnet.

von v abhängt, können wir aus der guten Übereinstimmung beider Kurven, sowohl hinsichtlich der absoluten Größe als auch des allgemeinen Kurvenverlaufs, schließen, daß der unterschiedliche Energiedefekt ΔE die Größe des Verhältnisses $\sigma_{21}(H)/\sigma_{21}(H_2)$ bestimmt. Die Franck-Condon-Faktoren haben offenbar einen geringeren Einfluß. Einerseits reduzieren sie zwar die Kopplungsstärke im molekularen Target, zum anderen wird jedoch durch die verschiedenen Schwingungsniveaus im H_2^+-Ion die Anzahl der Endzustände vermehrt und damit der Vielzustandscharakter des Übergangs verstärkt.

4.8 Ergebnisse zum Einfang mehrerer Elektronen

In diesem Abschnitt sollen in kurzer Form die Ergebnisse über den Zweielektronen-Einfangprozeß beschrieben werden. Wie Fig. 31 zeigt, wurde auch der Einfang von mehr als zwei Elektronen in einem Stoß untersucht, allerdings spielen diese Prozesse in den wichtigen Targetgasen He und H_2 keine Rolle. Wir wollen uns deshalb auf den Fall $m = 2$ beschränken.

Die Wirkungsquerschnitte für den Einfang von zwei Elektronen zeigen prinzipiell ein ähnliches Verhalten wie die Querschnitte für den Einelektroneneinfang. In Fig. 61 sind $\sigma_{z,z-1}$ und $\sigma_{z,z-2}$ für das Stoßsystem $Kr^{z+} + H_2$ in Abhängigkeit von der Stoßenergie dargestellt. Die Wirkungsquerschnitte $\sigma_{z,z-2}$ sind in diesem System kaum von der Geschwindigkeit des Projektils abhängig (in anderen Systemen ist zum Teil eine Energieabhängigkeit bei niedrigen Projektilladungen vorhanden), sie sind kleiner als die entsprechenden Werte $\sigma_{z,z-1}$ und wachsen im allgemeinen mit der Ladungszahl z an, wie es für $\sigma_{z,z-1}$ bekannt ist.

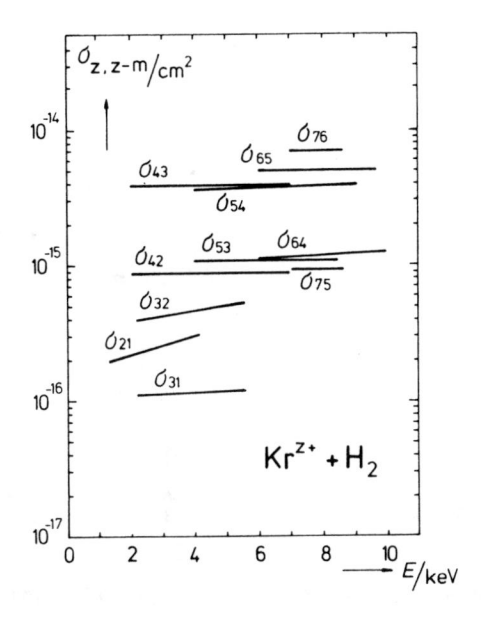

Fig. 61: Wirkungsquerschnitte $\sigma_{z,z-1}$ und $\sigma_{z,z-2}$ für das Stoßsystem $Kr^{z+} + H_2$ in Abhängigkeit von der Stoßenergie [104]

Die Frage nach einer möglichen Skalierung der Wirkungsquerschnitte $\sigma_{z,z-2}$ mit der Ladungszahl z ist bereits in Ref. [179] und Ref. [180] untersucht worden. Zur Überprüfung des vorgeschlagenen Potenzgesetzes $\sigma_{z,z-2} \sim z^{0,71}$ [179] sind in Fig. 62 die Wirkungsquerschnitte für verschiedene Projektilionen A^{z+} in den Gasen H_2 und He dargestellt. Eingezeichnet ist die empirische Kurve von Müller und Salzborn [179], die im Bereich höherer Ladungszahlen auch unsere Meßdaten befriedigend beschreibt. Für niedrige Projektilladungen sind jedoch die charakteristischen Eigenschaften der einzelnen Systeme zu berücksichtigen, die zu einer starken Streuung der Wirkungsquerschnitte führen. Insbesondere im He-Target finden wir eine starke Abnahme von $\sigma_{z,z-2}$, für z = 3 liegen die Wirkungsquerschnitte weit unterhalb der von der Skalierung bestimmten Werte. Dies liegt an dem hohen

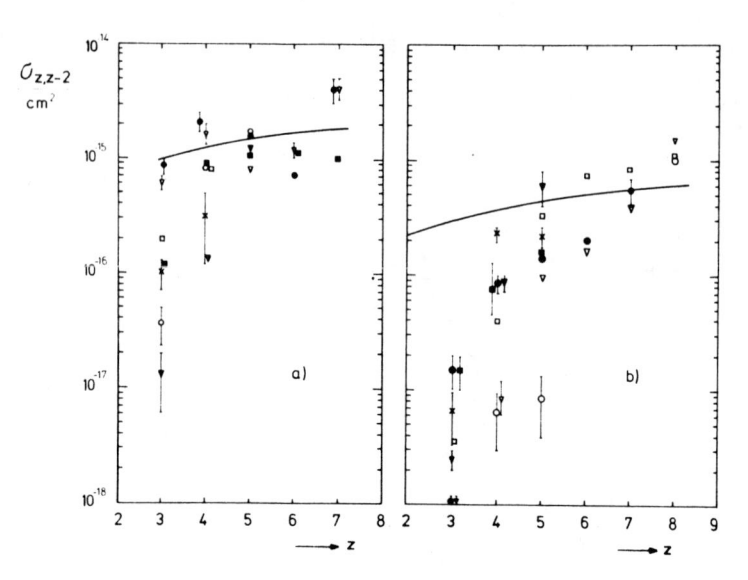

Fig. 62: Wirkungsquerschnitte $\sigma_{z,z-2}$ in Abhängigkeit
von der Ladungszahl z für die Targetgase
a) H_2 und b) He (die Werte für Ar^{z+} + He wurden Ref. [175] entnommen. $v \sim 1 \times 10^7$ cm s^{-1};
Projektile: × Al, ▼ Mg, □ Ar, ■ Kr, O Cs,
∇ Pb, ● Bi

Energiebetrag, der notwendig ist, um das He-Atom zweifach zu ionisieren (~79 eV); nur wenige, meist stark endotherme Reaktionskanäle können zum Einfang von zwei Elektronen führen. Gegenüber $\sigma_{z,z-1}$ wird daher $\sigma_{z,z-2}$ erst bei höheren Ladungszahlen sinnvoll durch eine Skalierung beschrieben werden können. Für das He-Target ist ein Wert von z > 5, für H_2 von z > 4 erforderlich (vergleiche Abschnitt 4.5). Eine genauere Analyse zeigt, daß auch für $\sigma_{z,z-2}$ die oszillatorischen Strukturen in der z-

Abhängigkeit auftreten, die im Abschnitt 4.6 für $\sigma_{z,z-1}$ näher beschrieben wurden (siehe Fig. 62 a).

Wie Fig. 61 zu entnehmen ist, sind die Wirkungsquerschnitte für den Zweielektroneneinfang im allgemeinen kleiner als die entsprechenden $\sigma_{z,z-1}$-Werte. Dies gilt besonders für den Bereich

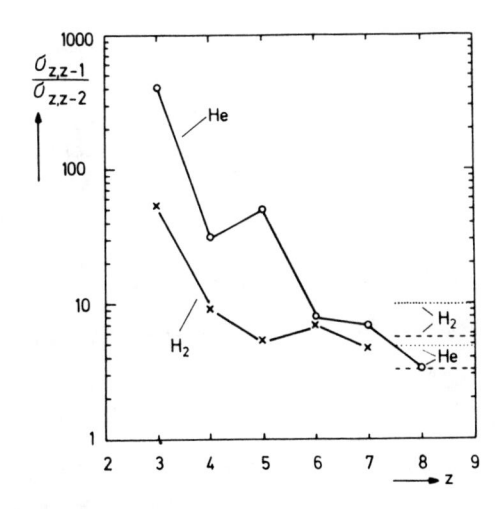

Fig. 63: Verhältnis der Wirkungsquerschnitte für Ein- und Zweielektronentransfer in Abhängigkeit von der Projektilladung. (Die einzelnen Punkte stellen Mittelwerte für verschiedene Projektilionen dar.)
... Absorptionsmodell;
--- Tunnelmodell

niedriger Ladungszahlen. In Fig. 63 ist das Verhältnis beider Wirkungsquerschnitte in Abhängigkeit von z aufgetragen; hierbei wurde eine Mittelung der Werte für verschiedene Projektilionen vorgenommen. Für z = 3 spielen insbesondere im He-Target die Zweielektronenaustauschprozesse nur eine untergeordnete Rolle; erhöhen wir die Ladungszahl, so nimmt das Verhältnis $\sigma_{z,z-1}/\sigma_{z,z-2}$ ab und erreicht bei z = 8 Werte von 3 bis 4. Die hohen Werte bei niedrigen Ladungszahlen sind darauf zurückzuführen, daß der Einfang eines Elektrons meist in einer exothermen Reaktion möglich ist, während der Einfang zweier Elektronen die Umwandlung kinetischer Energie der Kerne in innere Energie des Systems erfordert. Ein typisches Beispiel stellt das System Cs^{3+} + He dar. Beim Einfang eines Elektrons wird ein Energiebetrag von 10,7 eV frei, für den Übergang von zwei Elektronen müssen 21,4 eV aufgewendet werden [198]; dies führt zu einem Wert des Verhältnisses $\sigma_{z,z-1}/\sigma_{z,z-2}$ von ~2100. Die Tatsache, daß auch bei hohen Ladungszahlen $\sigma_{z,z-1} > \sigma_{z,z-2}$ gilt, muß durch die kleinere Austauschwechselwirkung für 2 Elektronen erklärt werden.

Im Rahmen des Tunnel- und des Absorptionsmodelles läßt sich für z >> 1 eine Abschätzung für das Verhältnis $\sigma_{z,z-1}/\sigma_{z,z-2}$ angeben. Entsprechend Ref. [38] gilt:

$$\frac{\sigma_{z,z-1}}{\sigma_{z,z-2}} \simeq \left(\frac{I_B^{(2)}}{I_B^{(1)}}\right)^{\beta'}, \text{ mit } \quad \beta' = 1,5 \text{ Tunnelmodell;} \quad (4.9)$$
$$\beta' = 2 \text{ Absorptionsmodell.}$$

Hierbei bedeuten $I_B^{(1)}$ und $I_B^{(2)}$ die Ionisierungsenergien des neutralen und des einfach geladenen Targetatoms. Wie Fig. 63 zeigt, stimmen die experimentellen Werte bei höheren Ladungszahlen relativ gut mit den Aussagen des Tunnelmodells überein.

In verschiedenen Systemen haben wir durch Energieverlustmessungen den Energiedefekt der Transferreaktionen für zwei Elektronen untersucht. Es zeigt sich, daß im Bereich höherer Ladungszahlen die Wärmetönung der Reaktionen wesentlich größer ist, als die der entsprechenden Einelektroneneinfangprozesse. In Tabelle V sind für die Systeme (Ar^{z+}, Kr^{z+} + H_2) neben den

Energiedefekten auch die daraus berechneten Kreuzungsradien aufgeführt. Der größere ΔE-Wert läßt sich teilweise auf die stärkere Coulombabstoßung im Ausgangszustand zurückführen, da in diesem Fall das Targetion doppelt geladen ist.

Tabelle V: Zusammenstellung gemessener ΔE-Werte und der daraus bestimmten Kreuzungsradien R_k für den Einfang von 1 bzw. 2 Elektronen.

System	$\Delta E/eV$		R_k / a_o	
	z,z-1	z,z-2	z,z-1	z,z-2
$Ar^{3+} + H_2$	15	19	3,6	2,9
$Ar^{4+} + H_2$	18	32	4,5	3,4
$Kr^{3+} + H_2$	6	16	9,1	3,4
$Kr^{4+} + H_2$	9	15	9,1	7,3
$Kr^{5+} + H_2$	11	24	9,9	6,8

Allerdings zeigt die Angabe der R_k-Werte, daß der Austausch beider Elektronen bei kleineren Kernabständen erfolgt. Dies ist eine Folge des kleineren Matrixelementes für die 2-Elektronen-Austauschwechselwirkung. Die für den Prozeß notwendige größere Annäherung beider stoßenden Teilchen führt daher im allgemeinen zu kleineren Wirkungsquerschnitten.

Einige der untersuchten Systeme zeigten jedoch Abweichungen von dieser Regel. So zeigte sich, daß beim Stoß von Bi^{4+} und Pb^{4+}-Ionen mit molekularem Wasserstoff die Wirkungsquerschnitte

σ_{43} und σ_{42} durchaus konkurrenzfähig sind, beide besitzen einen Wert von ~ (1-2) x 10^{-15} cm^2. Ersetzen wir das H_2-Target durch He, so finden wir die "normale" Situation vor, in der $\sigma_{43} \gg \sigma_{42}$ (siehe Fig. 30). Außerdem treten in der Energieabhängigkeit der Wirkungsquerschnitte zusätzliche Strukturen auf, die außerhalb der Fehlergrenzen liegen und gut reproduzierbar sind (siehe Fig. 64).

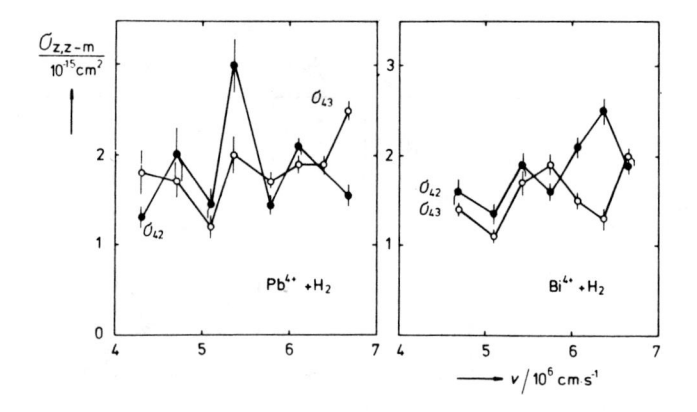

Fig. 64: Wirkungsquerschnitte σ_{43} und σ_{42} für Stöße von Pb^{4+} und Bi^{4+} Ionen mit molekularem Wasserstoff

Eine zunächst naheliegende Vermutung, daß ein großer Teil der zweifach geladenen sekundären Ionen durch zwei sukzessive Stöße in der Stoßzelle gebildet wird, wobei jeweils 1 Elektron transferiert wird, wurde durch Variation der Targetdicke widerlegt. Betrachten wir die Darstellung der z-Abhängigkeit der Wirkungsquerschnitte in Fig. 52 und Fig. 62 a, so finden wir, daß in den Systemen (Bi^{4+}, Pb^{4+} + H_2) die Wirkungsquerschnitte σ_{43} an der unteren Grenze der dargestellten Werte liegen, während σ_{42} gegenüber anderen Systemen überhöhte Werte besitzt. Es scheint so, als ob σ_{42} auf Kosten von σ_{43} angestiegen ist.

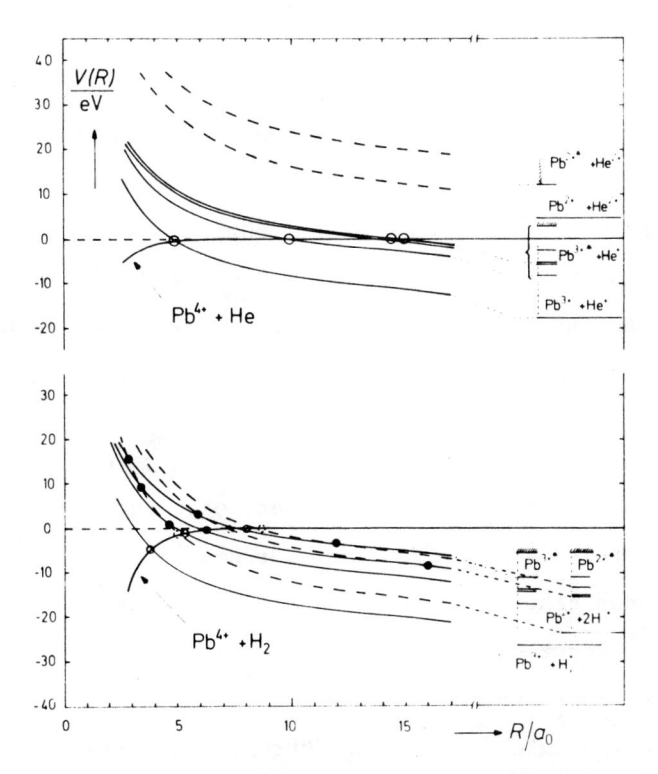

Fig. 65: Diabatische Potentialkurven für die Systeme $Pb^{4+} + H_2$ und $Pb^{4+} + He$. Kennzeichnung der Kreuzungspunkte: O $(Pb^{4+} + H_2/Pb^{3+(*)} + H_2^+)$; ⊙ $(Pb^{4+} + H_2/Pb^{2+(*)} + 2 H^+)$; ● $(Pb^{3+(*)} + H_2^+/Pb^{2+(*)} + 2 H^+)$.

(analog im Falle des He-Targets)

Zu einer weiteren Klärung dieses Sachverhaltes sind in Fig. 65 die diabatischen Potentialkurven der Systeme $Pb^{4+} + H_2$ und $Pb^{4+} + He$ dargestellt. Die entsprechenden Kurven für Bi-

Projektile zeigen einen ähnlichen Aufbau. Betrachten wir zunächst das System Pb^{4+} + He. Der Einfang eines Elektrons in den Grundzustand des Pb^{3+}-Ions erfolgt mit einem positiven Energiedefekt von ~ 18 eV, was zu einer Kreuzung der beteiligten Potentialkurven bei $R_k \simeq 4,6\ a_0$ führt. Der Einfang in angeregte Zustände Pb^{3+} ist ebenfalls in exothermen Reaktionen möglich, allerdings liegen die Kurvenkreuzungen bereits bei Kernabständen $R_k \gtrsim 10\ a_0$. Der Transfer von 2 Elektronen hingegen ist nur in endothermen Reaktionen möglich; für den Einbau in den Grundzustand des Pb^{2+}-Ions ergibt sich $\Delta E = -4,5$ eV. Bei diesem Verlauf der Potentialkurven ist es verständlich, daß im betrachteten Geschwindigkeitsbereich σ_{43} (He) wesentlich größer ist als σ_{42} (He).

Betrachten wir das molekulare Wasserstofftarget, so finden wir wegen der relativ niedrigen Ionisierungsenergie von H_2 (16 bzw. 51 eV) einen nahezu gleichen Energiedefekt für den Einfang von einem bzw. von zwei Elektronen ($\Delta E(1) \simeq 26$ eV; $\Delta E(2) \simeq 24$ eV). In beiden Prozessen können daher mehrere Reaktionskanäle, die zu angeregten sekundären Ionen führen, zum Wirkungsquerschnitt beitragen. Neben den Kopplungen zwischen den Endzuständen und dem Anfangszustand treten infolge der unterschiedlichen Steigung der Potentialkurven für die Systeme ($Pb^{3+} + H_2^+$) und ($Pb^{2+} + H_2^{2+}$) auch Kurvenkreuzungen zwischen den zuletzt genannten Potentialkurven auf. Es zeigt sich, daß viele dieser Kreuzungen, die einem Einelektronenaustausch entsprechen, in einem günstigen Kernabstandsbereich liegen, so daß eine starke Kopplung zwischen den einzelnen Zuständen erwartet werden kann.

Der Einfang von 2 Elektronen kann somit direkt bei einer Kurvenkreuzung erfolgen, wobei der Übergang durch die Matrixelemente der 2-Elektronen-Austauschwechselwirkung hervorgerufen wird, oder aber durch den zweimaligen Einfang eines Elektrons an zwei verschiedenen Kreuzungspunkten des Systems. Umgekehrt kann ein Projektil, das bereits zwei Elektronen eingefangen hat, wieder eines der Elektronen an das Targetion zurückgeben, wenn ein entsprechender Kreuzungspunkt durchlaufen wird. Liegt eine starke Kopplung an diesen Kreuzungspunkten vor, so könnte einerseits eine Abnahme von σ_{43} und eine Zunahme von σ_{42} verstanden werden. Außerdem ließen sich die Strukturen in der Energieabhängigkeit als Interferenzeffekte deuten, die durch die beteiligten Kurvenkreuzungen und die damit verbundene Überlagerung verschiedener Reaktionswege hervorgerufen werden können.

Gegen diese Deutung spricht allerdings die Tatsache, daß bei einem zweimaligen Einfang eines Elektrons die Gesamtübergangswahrscheinlichkeit als Produkt der Übergangswahrscheinlichkeiten an einzelnen Kreuzungspunkten angegeben werden kann. Es ist daher zu erwarten, daß in diesem Falle $\sigma_{z,z-2} \ll \sigma_{z,z-1}$ sein sollte.

Für eine definite Klärung des experimentellen Befundes ist einerseits eine Verbesserung bisheriger bzw. die Entwicklung neuer Theorien erforderlich, die den 2-Elektronenaustausch beschreiben. Zum anderen könnten durch Experimente mit einer hohen Energie- und Winkelauflösung über die Stoßparameterabhängigkeit der

Reaktionen Aussagen gewonnen werden, die zur Klärung des Befundes beitragen können.

4.9   Der Einfluß naher Stöße auf den Elektroneneinfang

Bei der Untersuchung von Umladungsprozessen mit einfach geladenen Projektilionen [119] hatte sich gezeigt, daß ein beachtlicher Anteil der sekundären Targetionen mit einem merklichen Impuls im Laborsystem gebildet wird (bis zu 30 % der Reaktionsprodukte). Diese energiereichen Targetionen entstehen durch Rückwärtsstreuung im Schwerpunktsystem, d. h. sie resultieren aus Stößen mit relativ kleinen Stoßparametern. Im folgenden wollen wir untersuchen, ob diesen nahen Stößen auch im Falle mehrfach geladener Ionen eine besondere Bedeutung zukommt.

Beschreiben wir den Elektroneneinfangprozeß im Bild der Kurvenkreuzungen, was im vorliegenden Geschwindigkeitsbereich sicher eine gute Näherung darstellt, so ist zu erwarten, daß jene Stoßparameterbereiche den größten Beitrag zur Umladung liefern, die ungefähr die gleiche Größe besitzen wie der Kernabstand, bei welchem die Kurvenkreuzung auftritt. Nahe Stöße mit Impulsübertrag werden folglich nur dann eine wesentliche Rolle spielen können, wenn die Kurvenkreuzungen des Systems bei sehr kleinen Kernabständen liegen, d. h. die Reaktion selbst nur einen kleinen Wirkungsquerschnitt besitzt. Wir haben deshalb diese Untersuchungen vor allem für die Projektilladungen $z = 2$ durchgeführt.

Als Beispiel sei das Stoßsystem (Kr^{2+} + H_2) herausgegriffen, in dem der Elektroneneinfang durch folgende Reaktionsgleichung dargestellt werden kann:

$$Kr^{2+}(4p^4, {}^3P) + H_2({}^1\Sigma_g^+) \rightarrow Kr^+(4p^5, {}^2P) + H_2^+({}^2\Sigma_g^+) + 8,7\,eV.$$

(4.10)

Die Wahl dieses Systems hat den Vorteil, daß wegen des großen Massenunterschiedes zwischen Projektil und Target, das Kr^+-Ion bei beliebigen Streuwinkeln im Schwerpunktsystem im Laborsystem nur unter geringen Winkeln gegenüber der Strahlrichtung die Stoßzelle verläßt. Für dieses System errechnet sich ein maximaler Streuwinkel im Laborsystem von ~ 1,4°. Da die Winkelakzeptanz des Nachweissystems größer ist als dieser Wert, können bei einem Nachweiswinkel von 0° auch jene Projektilionen nachgewiesen werden, die im Schwerpunktsystem unter großen Winkeln gestreut wurden, d. h. im allgemeinen Stöße mit kleinen Stoßparametern ausgeführt haben. Reaktionsprodukte, die von verschiedenen Streuwinkeln herrühren, unterscheiden sich lediglich durch den Betrag ihrer kinetischen Energie. In Fig. 66 ist ein typisches Energiespektrum der sekundären Kr^+-Ionen bei einer primären Stoßenergie von 2000 eV dargestellt. Wir sehen, daß ein großer Anteil der umgeladenen Projektilionen über eine kinetische Energie verfügt, die ungefähr übereinstimmt mit der Energie der primären Kr^{2+}-Ionen. Diese sekundären Ionen resultieren offenbar aus sehr entfernten Stößen, in denen kein nennenswerter Impuls zwischen beiden stoßenden Teilchen ausgetauscht wird. Darüber hinaus finden wir jedoch einen beachtlichen Anteil langsamerer Ionen,

$$Kr^{2+} + H_2 \longrightarrow Kr^+ + H_2^+$$

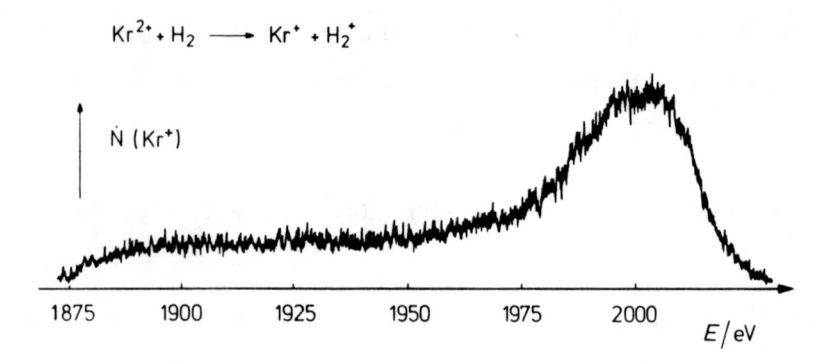

$\dot{N}(Kr^+)$

1875 1900 1925 1950 1975 2000 E/eV

Fig. 66: Energieverteilung der Kr^+-Ionen nach der Umladung von Kr^{2+}-Ionen in molekularem Wasserstoff (Stoßenergie E = 2000 eV, $\theta \approx 0°$)

die einen Energiebetrag bis zu ca. 130 eV eingebüßt haben. Dieser große Energiebetrag ist in einem zentralen Stoß auf das Targetmolekül übertragen worden. Berücksichtigen wir die Tatsache, daß die Energie der sekundären Ionen bei vorgegebenem Reaktionskanal in erster Linie vom Streuwinkel und damit vom Stoßparameter ρ abhängt, so kann aus der Energieverteilung in Fig. 66 direkt der Einfluß naher Stöße abgeschätzt werden. Entsprechende Energiespektren wurden lediglich bei z = 2 gemessen; betrachten wir höhere Ladungszahlen, so wächst der Beitrag der umladenden Stöße bei großen Stoßparametern an; der niederenergetische Schweif in der Energieverteilung verliert an Bedeutung und muß lediglich bei den Elektroneneinfangprozessen mit Projektilladungen z $\leq$ 2 berücksichtigt werden.

Wie wir bei der Analyse der langsamen Targetionen noch sehen werden, führen diese nahen Stöße, bei denen ein großer Impuls auf die Kerne des H_2-Moleküls übertragen wird, zur Dissoziation des gebildeten H_2^+-Molekülions.

4.10 Analyse der langsamen Targetionen beim Elektroneneinfang in molekularem Wasserstoff

Mit der in Abschnitt 3.2 beschriebenen Einheit zum Nachweis langsamer Targetionen haben wir bei Elektroneneinfangprozessen in molekularem Wasserstoff eine Analyse der gebildeten Targetionen bezüglich ihrer Masse (H^+ oder H_2^+) und ihrer kinetischen Energie durchgeführt. Für die Energieanalyse war eine Nachbeschleunigung der langsamen Ionen um einen festen Spannungswert von 200 - 400 V notwendig.

Die Massenanalyse ergab, daß sowohl H_2^+-Ionen als auch H^+-Ionen gebildet werden; ihre relative Häufigkeit hängt von dem untersuchten System und der Ladungszahl des Projektils ab. Genauere Informationen über den Umladungsprozeß lassen sich aus der Energieanalyse der langsamen Ionen gewinnen. In Fig. 67 ist für das System $Kr^{2+} + H_2$ die Energieverteilung der H^+- und der H_2^+-Ionen dargestellt, wobei die Extraktion der Ionen unter dem Winkel $\theta = 0°$ vorgenommen wurde. Die geringe Asymmetrie der einzelnen Verteilungen wird durch die notwendige Absaugspannung im Stoßzellenbereich verursacht. Es ergibt sich für beide Ionensorten ein unterschiedliches Verhalten. Während die molekularen Ionen in ihrer Energieverteilung ein Maximum bei 0 eV besitzen

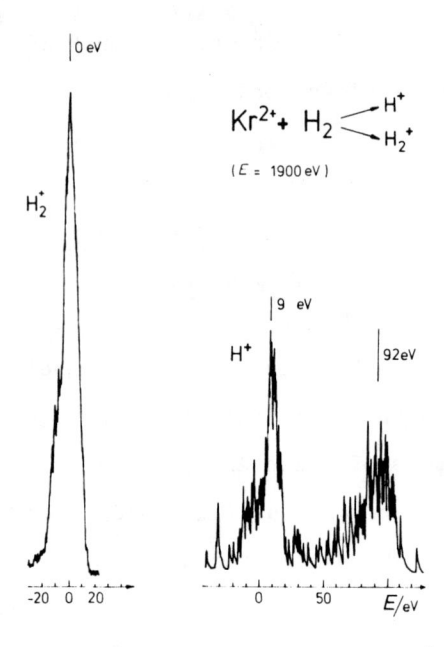

Fig. 67: Energieverteilung der Targetionen (H^+, H_2^+), die nach dem Stoß von Kr^{2+}-Ionen mit H_2 unter $\theta = 0°$ extrahiert wurden

(die negativen Energiewerte werden durch das endliche Auflösungsvermögen des Analysators beim Nachweis der nachbeschleunigten Ionen verursacht), zeichnet sich das Energiespektrum der H^+-Ionen durch zwei Maxima bei E > 0 aus. Die niederenergetische Ionengruppe besitzt eine mittlere Energie von (8 - 9) eV; die Energie der schnellen Ionen ist abhängig von der Stoßenergie sowie dem Winkel, unter welchem die Teilchen nachgewiesen werden.

Wie läßt sich dieser Befund verstehen? Die molekularen H_2^+-Ionen entstehen offensichtlich durch Elektroneneinfangprozesse, die bei großen Stoßparametern ablaufen, so daß kein nennenswerter Impuls auf das Target übertragen wird. Da keine energiereiche Gruppe von H_2^+-Ionen gemessen wurde, können wir schließen, daß die Bildung von H_2^+ in nahen Stößen mit Impulsübertrag sehr unwahrscheinlich ist.

Die langsamen H^+-Ionen, die im System $Kr^{2+} + H_2$ gebildet werden, resultieren ebenfalls aus umladenden Stößen mit großen Stoßparametern. Einerseits können sie durch Einelektroneneinfangprozesse entstehen, wobei allerdings das Targetion H_2^+ in einem nichtbindenden elektronisch angeregten Zustand gebildet werden muß. Bei der anschließenden Dissoziation wird beiden Teilchen (H^+ und H) jeweils die Hälfte des freiwerdenden Energiebetrages mitgegeben. Andererseits führt der Einfang von 2 Elektronen zur Bildung von (H_2^{2+}) und damit zur Erzeugung von 2 H^+-Ionen mit einer kinetischen Energie von ~(9-10) eV. Beide Prozesse können bei niedrigen Ladungszahlen einen Beitrag zur niederenergetischen Ionengruppe liefern. Die schnellen H^+-Ionen, die in unserem Beispiel eine Energie von ~ 90 eV besitzen, resultieren offensichtlich aus nahen Stößen, die im vorigen Abschnitt beschrieben wurden. Die maximale, auf das Target übertragbare Energie [199] beträgt im vorliegenden Fall (für $\Delta E = 0$ eV) 192 eV, so daß für die Fragmente des dissoziierenden H_2^+-Moleküls ein jeweiliger maximaler Energiebetrag von ~ 86 eV zu erwarten ist. Dieser Wert kann durch den Energiedefekt der Reaktion in geringem Umfang verschoben werden. Bei der starken Annäherung beider Stoßpartner ist die Anregung von hohen Schwingungs- und Rotationszuständen des H_2^+-Molekülions sehr wahrscheinlich; über einen Tunneleffekt durch die Rotationsbarriere kann eine Dissoziation des hochangeregten Moleküls erfolgen [200,201].

Eine andere Möglichkeit zur Erklärung der energiereichen H^+-Ionen besteht darin, daß bei dem nahen Stoß nur mit einem der beiden H-Atome eine starke Wechselwirkung (analog zum Spectator-Stripping-Modell [202]) auftritt. Der große Impuls, der hierbei auf ein H-Atom übertragen wird, führt sofort zur Dissoziation des H_2^+-Molekülions. Die maximale kinetische Energie des H^+-Ions beträgt in diesem Fall 88 eV. Beide Werte sind somit mit dem Experiment verträglich.

Eine Analyse der Targetionen zeigt, daß bei höheren Ladungszahlen die nachgewiesenen H^+-Ionen von dem 2-Elektronentransfer herrühren; der Prozeß der Targetanregung mit nachfolgender Dissoziation verliert an relativer Bedeutung. Lediglich für $z = 2$ ist die Bildung von H^+-Ionen durch den Prozeß des Einelektroneneinfangs zu berücksichtigen.

5. Zusammenfassung

Im Rahmen dieser Arbeit wird über Messungen des Elektroneneinfangs mehrfach geladener Ionen in verschiedenen Targetgasen berichtet. Der untersuchte Geschwindigkeitsbereich erstreckt sich von $\sim 2 \times 10^6$ cm/s bis $\sim 5 \times 10^7$ cm/s, so daß die Stoßprozesse adiabatisch beschrieben werden können. Als Projektile wurden mehrfach geladene Ionen der Elemente Al, Mg, Pb, Bi, Cs sowie verschiedene Edelgase in den Ladungszuständen $2 \leq z \leq 8$ verwendet; die häufigsten Gastargets waren H_2, He und atomarer Wasserstoff. Es wurden daher im wesentlichen Ein- und Zweielektronentransferreaktionen untersucht, die durch folgende Gleichung beschrieben werden:

$$A^{z+} + B \rightarrow A^{(z-m)+} + B^{m+} \quad ; \quad m = 1,2 \,. \qquad (5.1)$$

In den aufgeführten Systemen wurden einerseits totale Wirkungsquerschnitte für den 1 und 2-Elektronentransfer bestimmt, andererseits konnten jedoch auch Aussagen über die partiellen Wirkungsquerschnitte, d. h. über die Zustände des Projektilions, in welche die Elektronen eingefangen werden, gewonnen werden.

Die Experimente haben gezeigt, daß die Wirkungsquerschnitte für den Transfer eines Elektrons im vorliegenden Geschwindigkeitsbereich, in dem bisher nur wenige Experimente mit mehrfach geladenen Ionen ($z > 2$) durchgeführt wurden, energieunabhängig sind. Wir finden lediglich bei niedrigen Projektilladungen ($z=2,3$)

eine Abnahme der Wirkungsquerschnitte zu kleinen Energien hin.
Die Wirkungsquerschnitte nehmen im Mittel linear mit der Projektilladung z zu. Dieser Befund stimmt mit Resultaten von
Messungen im Bereich höherer Stoßgeschwindigkeiten [1,179]
(2×10^7 cm/s $\leq v \leq 1 \times 10^8$ cm/s) überein. Mit Hilfe der Energieverlustmessungen war es möglich, einen Kernabstandsbereich
einzugrenzen, der zu einer starken Kopplung zwischen Ausgangs-
und Endzuständen und damit zu einem großen Wirkungsquerschnitt
einzelner Reaktionskanäle führt. Dieser effektive Kernabstandsbereich, $5\, a_o \leq R_k \leq 10\, a_o$, der maßgeblich für die Auswahl der
bedeutenden Reaktionskanäle verantwortlich ist, zeigt eine hervorragende Übereinstimmung mit Ergebnissen von Winter et al.
[165,166], die aus "optischen" Messungen bei höheren Stoßenergien (E > 100 keV) erhalten wurden. Bei großen Kernabständen
nimmt die Wechselwirkung zwischen den Zuständen infolge der
geringeren Überlappung der einzelnen Wellenfunktion stark ab;
Kurvenkreuzungen bei kleinen Kernabständen können aus rein geometrischen Gründen nur wenig zum Umladungsprozeß beitragen.
Für Ladungszustände $2 \leq z \leq 6$ ist dieser Bereich nicht stark
von z abhängig. Wird z erhöht, so wächst die Anzahl der möglichen Kurvenkreuzungen in diesem Kopplungsbereich, was zu einer
Vergrößerung der Wirkungsquerschnitte führt.

Es wird gezeigt, daß mit Hilfe des so festgelegten Kopplungsbereiches und den näherungsweise konstruierten diabatischen Potentialkurven eine qualitative Beschreibung der Wirkungsquerschnitte
für niedrige Ladungszahlen möglich ist. Im Bereich höherer La-

dungszahlen ist die Anzahl der wechselwirkenden Zustände
größer - wenn man von den reinen Einelektronensystemen absieht -, so daß Aussagen mit diesem Modell nicht mehr gemacht
werden können.

In diesem Bereich zeigen jedoch die Modelle von Grozdanov
und Janev [59] sowie von Olson und Salop [39] eine gute Übereinstimmung mit den experimentellen Befunden. Es wird durch
das Experiment bestätigt, daß insbesondere beim molekularen
H_2-Target beide Modelle, das Tunnel- sowie das Absorptionsmodell, die Größe der Wirkungsquerschnitte für $z \geq 5$ richtig
wiedergeben. Offenbar sind hier die Annahmen über die quasikontinuierlichen Endzustände bzw. über die große Anzahl der
Kurvenkreuzungen erfüllt. Im He-Target sind größere z-Werte
erforderlich, damit die Aussagen der beiden Modelle zu einer
guten Übereinstimmung mit den experimentellen Ergebnissen führen.

Exakte quantenmechanische Rechnungen unter Berücksichtigung
der starken Kopplung zwischen verschiedenen Zuständen sind zur
Zeit für die betrachteten komplexen Systeme wegen des sehr hohen mathematischen Aufwandes nicht durchführbar, so daß entsprechende Vergleiche nicht vorgenommen werden konnten. Es
zeigt sich jedoch, daß die Ergebnisse der entsprechenden Rechnungen für Einelektronensysteme nicht auf die Vielelektronensysteme übertragen werden können, insbesondere nicht im Bereich
niedriger Stoßenergien.

Im betrachteten Geschwindigkeitsbereich können die Wirkungsquerschnitte in Abhängigkeit von der Ladungszahl ($z \geq 5$) durch eine Potenzfunktion ($\sigma \sim z^{\alpha'}$) dargestellt werden, deren Exponent α' einen Wert von 1.1 besitzt. Dieser Wert zeigt gute Übereinstimmung mit der Skalierung von Müller und Salzborn [179] für etwas höhere Stoßenergien ($\alpha' \doteq 1{,}17$). Diese Abhängigkeit stimmt auch mit Aussagen des Tunnel- und des Absorptionsmodells überein. Die Skalierung mit der Bindungsenergie des Elektrones führt zu einer Abhängigkeit $\sim (I_B)^{-2}$.

Eine genauere Untersuchung zeigt jedoch, daß dem mittleren Anstieg der Wirkungsquerschnitte mit z oszillatorische Strukturen überlagert sind, die bei Erhöhung der Stoßenergie ausgedämpft werden. Verschiedene mögliche Ursachen (Schalenabschlüsse in Projektilionen, metastabile Ionen im Primärstrahl) können ausgeschlossen werden, die eigentliche Ursache bleibt noch ungeklärt. Ähnliche Effekte wurden bisher nur für Einelektronensysteme von der Theorie [63,83] vorhergesagt und neuerdings durch Experimente [189] bestätigt. Ob allerdings die Oszillationen im Mehrelektronensystem dieselbe Ursache haben, ist noch ungewiß.

Die Wirkungsquerschnitte für den Zweielektronentransfer zeigen im untersuchten Bereich nahezu dasselbe Verhalten bezüglich der Stoßenergie und der Ladungszahl wie die entsprechenden Wirkungsquerschnitte für den Einfang eines Elektrons. Durch die Energieverlustmessungen konnte gezeigt werden, daß zum Einfang von zwei Elektronen kleinere Kernabstände notwendig sind. Dies liegt an den kleineren Matrixelementen für die 2-Elektronen-Austauschwechselwirkung. Die resultierenden Wirkungsquerschnitte sind daher im allgemeinen kleiner als die entsprechenden $\sigma_{z,z-1}$-Werte. Es konnte gezeigt werden, daß bei großen Ladungszahlen das Verhältnis von $\sigma_{z,z-1}/\sigma_{z,z-2}$ gut durch die Werte beschrieben werden kann, die aus dem Tunnelmodell resultieren.

Eine Analyse der Einelektroneneinfangreaktionen in atomarem und molekularem Wasserstoff ergab, daß der wesentliche Faktor, durch den das Verhältnis $\sigma_{z,z-1}(H)/\sigma_{z,z-1}(H_2)$ bestimmt wird, der Energiedefekt der Reaktion ist, genauer die Änderung des Energiedefektes beim Übergang vom atomaren zum molekularen Target. Für $z \geq 3$ führt dies dazu, daß $\sigma_{z,z-1}(H)/\sigma_{z,z+1}(H_2) > 1$ ist (im Mittel ~ 1,3); für $z = 2$ kann dieses Verhältnis je nach dem betrachteten System Werte zwischen 10^{-1} und 10 annehmen.

Eine Energieanalyse der Projektile und der langsamen Targetionen ergab, daß für hohe z-Werte die nahen Stöße mit Impulsübertrag keine besondere Rolle spielen, lediglich für $z = 2$ kann ein erheblicher Anteil der umladenden Stöße mit einem hohen Energieübertrag verbunden sein. Dies führt beim Elektroneneinfang im H_2-Target zur Dissoziation des molekularen Ions.

Referenzen

1) H. Klinger, A. Müller, E. Salzborn, J. Chem. Phys. $\underline{65}$, 3427 (1976)
2) A. Müller, H. Klinger, E. Salzborn, Physics Letters $\underline{55A}$, 11 (1975)
3) W. Kahlert, B. A. Huber, K. Wiesemann, Verhandl. d. DPG $\underline{5}$, 598 (1980)
4) Y. Kaneko, T. Iwai, S. Ohtani, K. Okuno, N. Kobayashi, S. Tsurubuchi, M. Kimura, H. Tawara, J. Phys. B $\underline{14}$, 881 (1981)
5) G. H. Henderson, Proc. Roy. Soc. London $\underline{A102}$, 496 (1922)
6) C. F. Garrett in: Physics of Electr. and Atomic Collisions, eds. J. Risley, R. Geballe, University of Washington Press, Seattle S. 846 (1975)
7) F. J. de Heer in: Atomic and Molecular Processes in Controlled Thermonuclear Fusion, eds M.R.C. McDowell, A. M. Ferendeci, Plenum Press NY, S. 351 (1980)
8) H. B. Gilbody in: Adv. At. Mol. Phys. $\underline{15}$, eds. D. R. Bates, B. Bederson, Academic Press NY, S. 293 (1979)
9) S. Suckewer, E. Hinnov, M. Bitter, R. Hulse, D. Post, Phys. Rev. $\underline{A22}$, 725 (1980)
10) J. C. Weisheit, Astrophys. J. $\underline{185}$, 877 (1973)
11) G. Steigmann, Astrophys. J. $\underline{199}$, 642 (1975)
12) M. O. Scully, W. U. Louisell, W. B. McKnight, Opt. Commun. $\underline{9}$, 246 (1973)
13) A. V. Vinogradov, J. I. Sobelman, Sov. Phys. - JETP $\underline{36}$, 115 (1973)
14) D. Anderson, J. McCullen, M. O. Scully, J. F. Seeby, Opt. Commun. $\underline{17}$, 227 (1976)
15) R. W. Wayant, R. C. Elton, Proc. IEEE $\underline{64}$, 1059 (1976)
16) R. C. Isler, E. C. Crume, Phys. Rev. Lett. $\underline{41}$, 1296 (1978)
17) D. E. Post, Proceedings of the Nagoya Seminar, S. 38, IPPJ-AM-13 (1979)
18) E. J. Shipsey, L. T. Redman, J. C. Browne, R. E. Olson, Phys. Rev. A $\underline{18}$, 1961 (1978)
19) J. L. Barrett, J. J. Leventhal, Appl. Phys. Lett. $\underline{36}$, 869 (1980), Phys. Rev. A $\underline{23}$, 485 (1981)

20) A. Dalgarno, S. E. Butler, Comments Atom. Mol. Phys. 7, 129 (1978)
21) E. Salzborn, IEEE Trans. Nucl. Science, NS-23, 947 (1976)
22) V. V. Afrosimov, Yu. S. Gordeev, A. N. Zinov'ev, A. A. Korotkov, Sov. J. Plasma Phys. 5, 551 (1979)
23) R. C. Isler, J. F. Lyon, Proc. Workshop on New Diagnostics Related to Impurity Release, S. 12.1, Germantown, USA (1979)
24) H. Winter, in "Workshop of ECR-Ion Sources and Related Topics", GSI Bericht 81-1, S. 170 (1981)
25) J. B. Hasted in Adv. At. Mol. Phys. 15, ed. D. R. Bates, B. Bederson AP (NY) S. 205 (1979)
26) F. T. Smith, Phys. Rev. 179, 111 (1969)
27) R. K. Janev, Adv.At. Mol. Phys. 12, 1 (1976)
28) S. E. Butler, Phys. Rev. A 23, 1 (1981)
29) M. Born, J. R. Oppenheimer, Ann. d. Physik, 84, 457 (1932)
30) J. von Neumann, E. Wigner, Z. Physik 30, 467 (1929)
31) T. F. O'Malley, Adv. At. Mol. Phys. 7, 223 (1971)
32) W. Lichten, Phys. Rev. 131, 229 (1963)
33) R. A. Mapleton, "Theory of Charge Exchange", Wiley-Interscience, S. 37 (1972)
34) N. Rosen, C. Zener, Phys. Rev. 40, 502 (1932)
35) Yu. N. Demkov, Zh. Eksp. Teor Fiz 45, 159 (1963) [Sov. Phys.-JETP 18, 138 (1964)]
36) T. R. Dinterman, J. B. Delos, Phys. Rev. A 15, 463 u. 475 (1977)
37) W. Lichten, Phys. Rev. 164, 131 (1967)
38) R. K. Janev, L. P. Presnyakov, "Collision Processes of Multiply Charged Ions with Atoms", Phys. Reports 70, 1 (1981)
39) R. E. Olson, A. Salop, Phys. Rev. A 14, 579 (1976)
40) E. L. Duman, L. I. Menshikov, B. M. Smirnov, Sov. Phys. JETP 49, 260 (1979)
41) J. B. Hasted, A. Y. J. Chong, Proc. Phys. Soc. London 80, 441 (1962)
42) E. Bauer, E. R. Fischer, F. R. Gilmore, J. Chem. Phys. 51, 4173 (1969)
43) D. Rapp, W. E. Francis, J. Chem Phys. 37, 2631 (1962)

44) B. M. Smirnov, Sov. Phys. Dokl. 10, 218 (1965); 12, 242 (1967)
45) R. E. Olson, F. T. Smith, E. Bauer, Appl. Opt. 10, 1848 (1971)
46) L. D. Landau, Phys. Z. Sowjetunion, 2, 46 (1932)
47) C. Zener, Proc. Roy. Soc., A137, 696 (1932)
48) E. C. G. Stückelberg, Helv. Physica Acta 5, 369 (1932)
49) D. R. Bates, Proc. Roy. Soc. A 257, 22 (1960)
50) J. Heinrichs, Phys. Rev. 176, 141 (1968)
51) M. Abramowitz, I. A. Stegun, Handbook of mathematical functions, Dover-Publications, NY, S. 227 ff (1965)
52) A. Salop, R. E. Olson, Phys. Rev. A 13, 1312 u. 1321 (1976)
53) M. Ya. Ovchinnikova, Zh. Eksp. Teor. Fiz 64, 129 (1973); Sov. Phy. JETP 37, 68 (1973)
54) R. E. Olson, J. Chem. Phys. 56, 2979 (1972)
55) L. V. Keldysh, Zh. Eksp. Teor. Fiz 47, 1945 (1964); Sov. Phys. JETP 20, 1307 (1965)
56) L. D. Landau, E. M. Lifschitz, "Lehrbuch d. theoret. Physik" Bd. 3, S. 286, Akademie-Verlag, Berlin (1967)
57) A. A. Radtsig, B. M. Smirnov, Zh Eksp. Teor. Fiz 60, 521 (1971); Sov. Phys. JETP 33, 282 (1971)
58) M. I. Chibisov, Pis'ma Zh. Eksp. Teor. Fiz 24, 67 (1976); JETP-Lett. 24, 56 (1976)
59) T. P. Grozdanov, R. K. Janev, Phys. Rev. A 17, 880 (1978)
60) T. P. Grozdanov, R. K. Janev, Phys. Lett. 66A, 191 (1978)
61) T. P. Grozdanov, R. K. Janev, J. Phys. B 13, L 69 (1980)
62) N. Bohr, J. Lindhard, K. Dan. Vidensk. Selsk. Mat.-Fys. Medd. 28, 1 (1954)
63) H. Ryufuku, K. Sasaki, T. Watanabe, Phys. Rev. A 21, 745 (1980)
64) H. Ryufuku, T. Watanabe, Phys. Rev. A 18, 2005 (1978)
65) H. Ryufuku, T. Watanabe, Phys. Rev. A 19, 1538 (1979)
66) Rechen-Programm von J. D. Power, Program No 233, Quant. Chem. Progr. Exchange, Indiana Univ., Bloomington, USA
67) J. C. Browne, F. A. Matsen, Phys. Rev. A 135, 1227 (1964)
68) C. Harel, A. Salin, J. Phys. B 10, 3511 (1977)
69) J. Vaaben, J. S. Briggs, J. Phys. B 10, L 521 (1977)

70) A. Salop, R. E. Olson, Phys. Rev. A $\underline{16}$, 1811 (1977)
71) R. E. Olson, E. J. Shipsey, J. C. Browne, J Phys. B $\underline{11}$, 699 (1978)
72) H. Ryufuku, JAERI-memo 9454, April (1981)
73) L. P. Presnyakov, A. D. Ulantsev, Sov. J. Quant. Electron. $\underline{4}$, 1320 (1975)
74) H. Ryufuku, T. Watanabe, Phys. Rev. A $\underline{20}$, 1828 (1979)
75) V. P. Shevelko, Z. Phys. A $\underline{287}$, 19 (1978)
76) R. E. Olson, A. Salop, Phys. Rev. A $\underline{16}$, 531 (1977)
77) A. Salop, R. E. Olson, Phys. Lett. $\underline{71A}$, 407 (1979)
78) R. E. Olson, A. Salop, R. A. Phaneuf, F. W. Meyer, Phys. Rev. $\underline{A16}$, 1867 (1977)
79) R. E. Olson, J. Phys. B $\underline{11}$, L 227 (1978)
80) R. E. Olson, Phys. Rev. $\underline{A18}$, 2464 (1978)
81) F. T. Chan, J. Eichler, Phys. Rev. Lett. $\underline{42}$, 58 (1979)
82) z.B. H. S. W. Massey, H. B. Gilbody "Electronic and Atomic Impact Phenomena, Bd. 4, Oxford University Press (1974)
83) L. P. Presnyakov, D. B. Uskov, R. K. Janev, Phys. Lett. $\underline{84A}$, 243 (1981)
84) L. M. Kishinevskii, E. S. Parilis, Zh. Eksp. Teor. Fiz $\underline{55}$, 1932 (1968)/Sov. Phys. JETP $\underline{28}$, 1020 (1969)
85) G. Gerber, A. Niehaus, J. Phys. B $\underline{9}$, 123 (1976)
86) H. Winter, Th. M.-El-Sherbini, E. Bloemen, F. J. de Heer, A. Salop, Phys. Lett. $\underline{68A}$, 211 (1978)
87) T. P. Grozdanov, R. K. Janev, J. Phys. B $\underline{13}$, 3431 (1980)
88) Yu. N. Demkov in "The Physics of Electronic and Atomic Collisions", eds. J. S. Risley, R. Geballe, IX ICPEAC, Seattle (1975)
89) D. H. Crandall, R. A. Phaneuf, F. W. Meyer, Phys. Rev. A $\underline{19}$, 504 (1979)
90) L. D. Gardner, J. E. Bayfield, P. M. Koch, I. A. Sellin, D. J. Pegg, R. S. Peterson, M. L. Mallory, D. H. Crandall, Phys. Rev. A $\underline{20}$, 766 (1979)
91) K. H. Berkner, W. G. Graham, R. V. Pyle, A. S. Schlachter, J. W. Stearns, R. E. Olson, J. Phys. B $\underline{11}$, 875 (1978)
92) W. L. Nutt, R. W. McCullough, K. Brady, M. B. Shah, H. B. Gilbody, J. Phys. B $\underline{11}$, 1457 (1978)

93) S. Bliman, N. Chan-Tung, S. Dousson, B. Jacquot, D. Van Houtte, Phys. Rev. A **21**, 1856 (1980)
94) H. F. Beyer, K. H. Schartner, F. Folkmann, J. Phys. B **13**, 2459 (1980)
95) A. Matsumoto, S. Tsurubuchi, T. Iwai, S. Othani, K. Okuno, Y. Kaneko, J. Phys. Soc. Japan, **48**, 567 (1980)
96) H. Knudsen, H. K. Haugen, P. Hvelphund, Phys. Rev. A **23**, 597 (1981), Phys. Rev. A **22**, 1930 (1980)
97) H. Winter, E. Bloemen, F. J. de Heer, J. Phys. B **10**, L 453 (1977)
98) E. Rille, H. Winter, J. Phys. B **13**, L 543 (1980)
99) W. W. Afrosimov, A. A. Basalaev, G. A. Leiko, M. N. Panov, Sov. Phys. JETP **47**, 837 (1979)
100) B. A. Huber, J. Phys. B **13**, 809 (1980)
101) P. H. Woerlee, T. M. El-Sherbini, F. J. de Heer, F. W. Saris, J. Phys. B **12**, L 235 (1979)
102) A. Niehaus, M. W. Ruf, J. Phys. B **9**, 1401 (1976)
103) H. J. Kahlert, Diplomarbeit, Bochum (1979)
104) B. A. Huber, H. J. Kahlert, J. Phys. B **13**, L 159 (1980)
105) J. B. Hasted, in "Atomic and Molecular Processes", ed. D. R. Bates, S. 705 (1964)
106) W. Paul, H. P. Reinhard, U. von Zahn, Z. Phys. **152**, 143 (1958)
107) H. Schrey, B. A. Huber, J. Phys. B **14**, 3197 (1981)
108) H. Schrey, Dissertation, Bochum (in Vorbereitung)
109) E. D. Donets, V. I. Ilyushchenko, V. A. Alpert, P7-4124 (JINR Dubna) (1968)
110) Y. Kaneko, in "Atomic Processes in Fusion Plasmas", IPPJ-AM-13, S. 28 (1979)
111) R. Geller, IEEE, Trans. Nucl. Sci., NS **23**, 904 (1976)
112) z.B.: H. Krupp, GSI-Bericht, GSI-A1 (1974)
113) J. R. J. Benett, IEEE, Trans. Nucl. Sci., NS **18**, 55 (1971)
114) J. Illgen, R. Kircher, J. Schulte in den Bäumen, B. Wolf, GSI-Bericht, GSI-72-7 (1972)
115) B. L. Schram, Physica **32**, 197 (1966); W. Lotz, Z. Phys. **206**, 205 (1967)
116) A. Müller, E. Salzborn, R. Trodl, R. Becker, H. Klein, H. Winter, J. Phys. B **13**, 1877 (1980)

117) P. A. Redhead, Can. J. Phys. 45, 1791 (1967)
118) B. Huber, Z. Phys. A 275, 95 (1975)
119) B. Huber, Dissertation, Bochum (1975)
120) J. R. Pierce, "Theory and Design of Electron Beams", van Norstrand, N. Y. (1949)
121) M. Menzinger, L. Wahlin, Rev. Sci. Instr. 40, 102 (1969)
122) E. Salzborn, Habilitationsschrift, Giessen (1976)
123) L. H. Toburen, M. Y. Nakai, Phys. Rev. 177, 191 (1969)
124) H. Lew, in "Methods of Experimental Physics 4A, AP, S. 178 (1967)
125) J. M. Hendrie, J. Chem. Phys. 22, 1503 (1954)
126) W. E. Lamb, R. C. Retherford, Phys. Rev. 79, 549 (1950); Phys. Rev. 81, 222 (1951)
127) G. J. Lockwood, E. Everhart, Phys. Rev. 125, 567 (1962)
128) G. J. Lockwood, H. F. Helbig, E. Everhart, J. Chem. Phys. 41, 3820 (1964)
129) G. W. Mc Clure, Phys. Rev. 148, 47 (1966)
130) R. W. Wood, Proc. Roy. Soc. A 97, 455 (1920); A 102, 1 (1922)
131) J. M. B. Kellogg, J. I. Rabi, J. R. Zacharias, Phys. Rev. 50, 472 (1936)
132) J. D. Walker Jr., R. M. St. John, J. Chem. Phys. 61, 2394 (1974)
133) S. T. Hood, A. J. Dixon, E. Weigold, J. Phys. E 11, 948 (1978)
134) L. Davis, B. T. Feld, C. W. Zabel, J. R. Zacharias, Phys. Rev. 76, 1076 (1949)
135) R. L. Christensen, H. G. Bennewitz, D. R. Hamilton, J. B. Reynolds, H. H. Stroke, Phys. Rev. 107, 633 (1957)
136) J. P. Toennies, W. Welz, G. Wolf, J. Chem. Phys. 71, 614 (1979)
137) A. Bumbel, Diplomarbeit, Bochum (1981)
138) B. J. Wood, H. Wise, J. Phys. Chem. 66, 1049 (1962)
139) H. Wise, B. J. Wood, Adv. At. and Mol. Phys. 3, 291 (1967)
140) H. von Wartenburg, G. Schulze, Z. Phys. Chem. B6, 261 (1930)
141) A. Ding, J. Karlau, J. Weise, Rev. Sci. Instrum. 48, 1002 (1977)

142) G. Dixon-Lewis, G. Wilson, A. A. Westenberg, J. Chem. Phys. $\underline{44}$, 2877 (1966)
143) C. F. Barnett, J. A. Ray, E. Ricci, M. I. Wilker, E. W. Mc Daniel, E. W. Thomas, H. B. Gilbody; "Atomic Data for Controlled Fusion Research", ORNL-5206, Bd. 1 (1977)
144) A. Hughes, V. Rojanski, Phys. Rev. $\underline{34}$, 284 (1929)
145) M. von Ardenne, "Tabellen zur angewandten Physik", B 1, Berlin (1962)
146) H. S. W. Massey, E. H. S. Burhop, "Electronic and Ionic Impact Phenomena $\underline{1}$, Oxford, S. 19 ff, (1969)
147) H. Wollnik, in "Focusing of Charged Particles" II, ed. A. Septier, Academic (1967)
148) H. Matsuda, Rev. Sci. Instrum. $\underline{32}$, 850 (1961)
149) Verwendet wurde ein Multiplier der Fa. Balzers (18 Cu-Be-Dynoden)
150) nach Mitteilung der Herstellerfirma Balzers nimmt die Transmission mit zunehmender Masse ab.
151) W. Seim, A. Müller, E. Salzborn, Phys. Lett. $\underline{80A}$, 20 (1980)
152) S. Bliman, S. Dousson, R. Geller, B. Jacquot, D. van Houtte, GSI-Bericht 81-1 (1981)
153) B. A. Huber, Z. Phys. A $\underline{299}$, 307 (1981)
154) H. Schrey, B. Huber, Z. Phys. A $\underline{273}$, 401 (1975)
155) Ch. E. Morre, "Atomic Energy Levels", NSRDS-NBS 35 (1971)
156) T. Ast, D. T. Terwilliger, J. H. Beynon, R. G. Cooks, J. Chem. Phys. $\underline{62}$, 3855 (1975)
157) V. V. Afrosimov, A. A. Basalaev, G. A. Leiko, M. N. Panov Sov. Phys. JETP $\underline{74}$, 1605 (1978)
158) E. W. P. Bloemen, Dissertation, Universität Leiden (1980)
159) H. Winter, E. Bloemen, F. J. de Heer, J. Phys. B $\underline{10}$, L 599 (1977)
160) B. Hird, S. P. Ali, J. Phys. B $\underline{14}$, 267 (1981)
161) B. A. Huber, unveröffentliche Ergebnisse
162) W. Kahlert, Diplomarbeit, Bochum (1981)
163) B. A. Huber, W. Kahlert, Veröffentlichung in Vorbereitung
164) R. W. Mc Cullough, W. L. Nutt, H. B. Gilbody, J. Phys. B $\underline{12}$, 4159 (1979)

165) H. Winter, E. Bloemen, F. J. de Heer, J. Phys. B $\underline{10}$, L 1 (1977)
166) Th. M. El-Sherbini, A. Salop, E. Bloemen, F. J. de Heer, J. Phys. B $\underline{13}$, 1433 (1980)
167) A. R. Turner-Smith, J. M. Green, C. E. Webb, J. Phys. B $\underline{6}$, 114 (1973)
168) H. B. Fedorenko, Sov. Phys. - Tech. Phys. $\underline{24}$, 769 (1954)
169) A. Bumbel, B. A. Huber, Veröffentlichung in Vorbereitung (1981)
170) J. B. Hasted, S. A. Smith, Proc. Phys. Soc. A $\underline{235}$, 354 (1956)
171) J. B. Hasted, A. R. Lee, M. Hussain, "Proc. 3rd ICPEAC, Amsterdam, S. 802, (1964)
172) D. H. Crandall, R. A. Phaneuf, F. W. Meyer, Phys. Rev. A $\underline{22}$, 379 (1980)
173) E. L. Duman, B. M. Smirnov, Sov. J. Plasma Phys. $\underline{4}$, 650 (1978)
174) E. Salzborn, in Nagoya-Report: IPPJ-Am-13, S. 44 (1979)
175) A. Müller, E. Salzborn, Phys. Lett. $\underline{59A}$, 19 (1976)
176) A. Müller, Dissertation, Gießen (1976)
177) G. H. Dunn, J. Chem. Phys. $\underline{44}$, 2592 (1966)
178) R. E. Olson, in "Electronic and Atomic Collisions" eds. N. Oda, K. Takayanagi North-Holland Publ.Co., (1980)
179) A. Müller, E. Salzborn, Phys. Lett. $\underline{62A}$, 391 (1977)
180) B. A. Huber, H. J. Kahlert, H. Schrey, K. Wiesemann, XI ICPEAC, Kyoto, Abstracts of Contr. Papers, S. 582 (1979)
181) A. Müller, V. P. Shevelko, Zh. Tekh. Fiz. $\underline{50}$, 985 (1980)
182) A. Müller, C. Aachenbach, E. Salzborn, Phys. Lett. $\underline{70A}$, 410 (1979)
183) S. Datz, H. O. Lutz, L. D. Bridwell, C. P. Moak, H. D. Betz, L. D. Ellworth, Phys. Rev. A$\underline{2}$, 430 (1970)
184) H. D. Betz, G. Rydind, A. B. Wittkower, Phys. Rev. A $\underline{3}$, 197 (1971)
185) V. S. Nikolaev, I. S. Dimitriev, Yu. A. Tashaev, Ya. A. Teplova, Yu. A. Fainberg, J. Phys. B $\underline{8}$, L 58 (1975)

186) L. D. Gardner, J. E. Bayfield, P. M. Koch, H. J. Kim,
P. H. Stelson, Phys. Rev. A **16**, 1415 (1977)
187) H. J. Kim, P. Hvelplund, F. W. Meyer, R. A. Phaneuf,
P. H. Stelson, C. Bottcher, Phys. Rev. Lett. **40**, 1635 (1978)
188) F. W. Meyer, R. A. Phaneuf, H. J. Kim, P. Hvelplund,
P. H. Stelson, Phys. Rev. A **19**, 515 (1979)
189) V. V. Afrosimov, A. A. Basalaev, E. D. Donets, M. N. Panov, Pisma (Lett.) Zh. Eksp. Teor. Fiz **31**, 635 (1980)
190) I. S. Dimitriev, V. S. Nikolaev, Yu. A. Tashaev, Ya. A. Teplova, Zh. Eksp. Teor. Fiz **67**, 2047 (1974)
191) G. Y. Lockwood, Phys. Rev. A **2**, 1406 (1970)
192) M. Vojovic, M. Matic, B. Cobic, Proceedings of the VIII. ICPEAC, Belgrad, S. 779 (1973)
193) H. B. Gilbody, Physica Scripta **23**, 143 (1981)
194) R. A. Phaneuf, F. W. Meyer, R. H. Mc Knight, Phys. Rev. A **17**, 534 (1978)
195) T. V. Goffe, M. B. Shah, H.B. Gilbody, J. Phys. B **12**, 3763 (1979)
196) T. F. Tuan, E. Gerjuoy, Phys. Rev. **117**, 756 (1960)
197) M. B. Shah, T. V. Goffe, H. B. Gilbody, J. Phys. B **11**, L 233 (1978)
198) T. A. Carlson, C. W. Nestor Jr., N. Wasserman, J.D. Mc Dowell, ORNL-4562, (1968)
199) L. D. Landau, E. M. Lifschitz, "Lehrbuch der theoretischen Physik" Bd. 1, Akademie-Verlag, Berlin (1964)
200) G. Lange, B. Huber, K. Wiesemann, Z.Phys. A **281**, 21 (1977)
201) A. Russek, Physica **48**, 165 (1970)
202) A. Henglein, in "Molecular Beams and Reaction Kinetics", ed. Ch. Schlier, Academic Press, NY (1970)

6 Anhang

6.1 Übersicht über die in der vorliegenden Arbeit verwendeten Symbole

A^{z+}	Projektilion mit der Ionenladung $z \cdot e$
a_o	Radius der 1. Bohrschen Bahn ($0,529 \times 10^{-10}$ m)
α_o	Polarisierbarkeit der neutralen Teilchen
α', β'	Skalierungsexponenten von Müller, Salzborn [179]
α, β	Kalibrierungskoeffizienten beim H-Target
B	Targetatom oder Targetmolekül
$c_k(t)$	Amplitude des Zustandes k in der Entwicklung der Gesamtwellenfunktion
$\Delta(R)$	energetischer Abstand der adiabatischen Potentialkurven am Ort der "Pseudokreuzung"; Austauschwechselwirkung in diabatischer Darstellung.
e	Elementarladung ($1,602 \cdot 10^{-19}$ As)
E	kinetische Energie
E_o	Stoßenergie im Schwerpunktsystem
E_g	Gesamtenergie des Systems
E_H	1 Hartree = 27,2 eV
ΔE	Energiedefekt der Reaktion
ΔE_s	Energieverschiebung durch den linearen Starkeffekt
Γ	energetische Halbwertsbreite des primären Ionenstrahls
H, H_{el}	Hamiltonoperatoren
H_{ii}	diabatische Energieeigenwerte
H_{ki}	Matrixelemente der Konfigurationswechselwirkung
$I_B, I_B(B), I_B(T)$	Bindungsenergie des Elektrons (im Projektil und Target)
K_{ki}	Matrixelemente der kinematischen Kopplung

l	Bahndrehimpulsquantenzahl eines atomaren Zustandes
L	Drehimpulskomponente ⊥ zur Bahnebene
Λ	Projektion des gesamten Bahndrehimpulses der Elektronenhülle bzgl. der Kernverbindungsachse
m	Anzahl der transferierten Elektronen
m_e	Elektronenmasse ($9,1 \times 10^{-31}$ kg)
M, M_P, M_T	Atommasse (P = Projektil, T = Target)
μ	reduzierte Masse beider Kerne
n	Hauptquantenzahl eines atomaren Zustandes
n(z)	Teilchendichte in Abhängigkeit von z
$\dot{N}$	Zählrate, Teilchenzahl pro Sekunde
ν, ν'	Schwingungsquantenzahl molekularer Targets
p	Landau-Zener-Übergangswahrscheinlichkeit beim einmaligen Durchlaufen eines Kreuzungspunktes
P	Gesamtübergangswahrscheinlichkeit
p/Pa	Druckangabe in Pascal
π_H, π_{H_2}	Targetdicken
ψ_k, ϕ_k	elektronische Wellenfunktionen
$\Psi(\vec{r}, \vec{R})$	Gesamtwellenfunktion des Systems
$\chi_k(R)$	Wellenfunktion der Kernbewegung
q	Franck-Condon-Faktoren
$\vec{r}$	Ortsvektor der Elektronen
$\vec{R}$	Vektor des Kernabstandes
R_k	Kernabstand, bei dem eine Kreuzung der diabatischen Potentialkurven vorliegt.
R_c	kritischer Kernabstand im Rahmen des Absorptionsmodells

ρ	Stoßparameter der Trajektorie
σ, σ_{tot}	totaler Wirkungsquerschnitt für den Elektroneneinfang
σ_{ik}	Wirkungsquerschnitt für den Übergang vom Zustand $i \rightarrow k$
$\sigma_{z,z-m}$	Wirkungsquerschnitt für den Einfang von m Elektronen durch ein z-fach geladenes Projektilion.
T_R	Operator der kinetischen Energie der Kerne
θ	Streuwinkel im Laborsystem
$U_i(R)$	adiabatische Energieeigenwerte
U_P, U_T	innere Energie der atomaren Systeme (Projektil, Target)
$\vec{v}$	Projektilgeschwindigkeit
v_o	Elektronengeschwindigkeit auf der 1. Bohrschen Bahn (2,188 x 10^8 cm/s).
v_R	Radialgeschwindigkeit beim Stoß
v^*	systemabhängige Geschwindigkeit in der Landau-Zener-Theorie
$V(R)$	genäherte diabatische Potentialkurven
W_{ki}	Matrixelemente des nichtadiabatischen Kopplungsoperators
x,y,z	kartesische Koordinaten
ξ, η, ϕ	parabolische Koordinaten
z	Projektilladungszahl
Z, Z_A, Z_B	Kernladungszahl (A = Projektil, B = Target)
Z_1, Z_2	Coulombzentren des 2-Zentrensystems

6.2

<u>Tabelle A I:</u> Zusammenstellung der untersuchten Reaktionen mit mehrfach geladenen Ionen

Stoßsystem	Projektil-ladung z	E/keV	$v/10^6 \text{cms}^{-1}$	Ref.
Ar^{2+} + Ne	2	0,2 − 2,4	3,1 − 11	100
Xe^{z+} + Ne	2 − 6	1,5 − 11	4,7 − 12,7	unv.
Cs^{z+} + Ne	2 − 5	0,6 − 5	2,9 − 8,5	107
He^{2+} + Ar	2	0,05 − 0,6	0,49 − 1,70	154
Ar^{2+} + Ar	2	0,3 − 2,0	3,8 − 9,8	100
Cs^{z+} + Kr	2 − 5	0,6 − 5,0	2,9 − 8,5	107
Ne^{z+} + Xe	2 − 4	1 − 8	9,8 − 27,7	unv.
Ar^{z+} + Xe	2 − 3	1 − 4,5	6,9 − 14,7	unv.
He^{z+} + He	2	0,06 − 0,6	5,4 − 17,0	154
Mg^{z+} + He	2 − 5	1 − 5	8,9 − 19,9	107
Al^{z+} + He	2 − 5	1,2 − 5	9,3 − 18,8	107
Ar^{2+} + He	2	0,2 − 1,1	3,1 − 7,3	100
Kr^{z+} + He	2 − 5	1,5 − 9	5,9 − 14,4	unv.
Cs^{z+} + He	2 − 5	0,8 − 6	3,4 − 9,3	107
Pb^{z+} + He	2 − 8	0,8 − 8	2,7 − 8,6	107
Bi^{z+} + He	2 − 8	1 − 8	3 − 8,5	107
Mg^{z+} + H_2	2 − 5	1 − 6	8,9 − 21,8	107
Al^{z+} + H_2	2 − 5	1,4 − 5	10 − 18,8	107
Ar^{z+} + H_2	2 − 6	1 − 7,5	6,9 − 19,0	104

Stoßsystem	Projektil-ladung z	E/keV	$v/10^6 cms^{-1}$	Ref.
$Kr^{z+} + H_2$	2 - 7	1,2 - 10,0	5,2 - 15,1	104
$Cs^{z+} + H_2$	2 - 5	0,6 - 5	2,9 - 8,5	107
$Pb^{z+} + H_2$	2 - 7	1 - 8	3 - 8,5	107
$Bi^{z+} + H_2$	2 - 7	1 - 7	3 - 8	107
$N^{z+} + H$	2 - 3	1 - 8	16,6 - 46,8	unv.
$Ne^{z+} + H$	2 - 4	1,6 - 12,0	12,4 - 33,9	153
$Ar^{z+} + H$	2 - 6	1,4 - 14,7	8,2 - 26,5	153
$Kr^{z+} + H$	2 - 6	1 - 18	5 - 20	unv.

6.3

<u>Tabelle A II:</u> Zusammenstellung der gemessenen Energiedefekte
ΔE ($\overline{\Delta E}$) verschiedener Elektroneneinfangprozesse

Elektroneneinfangprozeß	ΔE/eV ($\overline{\Delta E}$/eV)	R_k/a_o	Ref.
$Ar^{2+} + He \rightarrow Ar^+$	+ 3,2	8,5	
$Ar^{2+} + Ne \rightarrow Ar^+$	+ 6,4	4,3	100
$Ar^{2+} + Ar \rightarrow Ar^+$	+ 11,0 − 1,6	2,5 −	
$Ne^{2+} + Xe \rightarrow Ne^+$	+ 6,7	4,1	
$Ne^{3+} + Xe \rightarrow Ne^{2+}$	+ 9,8	5,6	
$Ne^{4+} + Xe \rightarrow Ne^{3+}$	+ 8,2	10,0	
$Xe^{2+} + Ne \rightarrow Xe^+$	− 0,6	−	unv.
$Xe^{3+} + Ne \rightarrow Xe^{2+}$	+ 9,4	5,8	
$Xe^{4+} + Ne \rightarrow Xe^{3+}$	+ 13,6	6,0	
$Xe^{5+} + Ne \rightarrow Xe^{4+}$	+ 15	7,3	
$Xe^{6+} + Ne \rightarrow Xe^{5+}$	+ 20	6,8	
$Ar^{2+} + H_2 \rightarrow Ar^+$	0	−	
$Ar^{3+} + H_2 \rightarrow Ar^{2+}$	+ 15	3,6	
$Ar^{4+} + H_2 \rightarrow Ar^{3+}$	+ 18	4,5	
$Kr^{2+} + H_2 \rightarrow Kr^+$	+ 2,0	13,6	104
$Kr^{3+} + H_2 \rightarrow Kr^{2+}$	+ 6	9,1	
$Kr^{4+} + H_2 \rightarrow Kr^{3+}$	+ 9	9,1	
$Kr^{5+} + H_2 \rightarrow Kr^{4+}$	+ 11	9,9	

Elektroneneinfangprozeß	ΔE/eV ($\overline{\Delta E}$/eV)	R_k/a_o	Ref.
$Xe^{3+} + Ne \rightarrow Xe^{1+}$	$-\ 7,1$	$-$	
$Xe^{4+} + Ne \rightarrow Xe^{2+}$	$+\ 5,1$	$21,3$	unv.
$Xe^{5+} + Ne \rightarrow Xe^{3+}$	$+\ 15,6$	$10,5$	
$Ne^{3+} + Xe \rightarrow Ne^{+}$	15	$3,6$	
$Ar^{3+} + H_2 \rightarrow Ar^{+}$	$+\ 19$	$2,9$	
$Ar^{4+} + H_2 \rightarrow Ar^{2+}$	$+\ 32$	$3,4$	
$Kr^{3+} + H_2 \rightarrow Kr^{+}$	$+\ 16$	$3,4$	104
$Kr^{4+} + H_2 \rightarrow Kr^{2+}$	$+\ 15$	$7,3$	
$Kr^{5+} + H_2 \rightarrow Kr^{3+}$	$+\ 24$	$6,8$	

6.4

<u>Tabelle A III:</u> Übersicht über die in Fig. 36 und Fig. 37 dargestellten Reaktionssysteme

Stoßsystem	ΔE/eV	R_k/a_o	$\bar{\sigma}_{21}/cm^2$	Ref.[1)]	
He^{2+} + He	$-$ 29,8	0,9	(0,5 $-$ 1) ($-$ 16)	157	*
Ne^{2+} + He	$-$ 14,1	$-$	1,3 ($-$ 17)		
	$-$ 14,4	$-$	6 ($-$ 18)		
	$-$ 14,6	$-$	6 ($-$ 18)	158	
	$-$ 11,4	$-$	6 ($-$ 18)		
	16,4	1,7	2 ($-$ 16)	159	*
Ar^{2+} + He	3,1	8,8	7 ($-$ 16)	100,160	
Kr^{2+} + He	$-$ 0,2	$-$	8 ($-$ 17)	161	
Ar^{2+} + Ne	6,1	4,5	1 ($-$ 15)	100,122,160	
Xe^{2+} + Ne	$-$ 0,6	$-$	(.8 $-$ 1) ($-$ 16)	122,162,163	
Ne^{2+} + Ar	5,3	$-$	1,5 ($-$ 16)	159	
Ar^{2+} + Ar	11,87	2,3	(.5 $-$ 1) ($-$ 16)	100	
Xe^{2+} + Ar	5,4	5,0	(2 $-$ 3) ($-$ 15)	122	*
Ne^{2+} + Xe	6,7	4,1	1,8 ($-$ 15)	162,163	*
	2,0	13,4	(3 $-$ 5) ($-$ 17)		
	1,7	16,2	2 ($-$ 16)	98	
	1,0	27,2	2 ($-$ 16)		
	$-$ 1,7	$-$	(2 $-$ 3) ($-$ 16)		
Ar^{2+} + Xe	3,3	8,3	2,8 ($-$ 15)	122	*
Ti^{2+} + H	$-$ 0,03	$-$	1 ($-$ 15)	164	*
Mg^{2+} + H	1,4	18,9	8 ($-$ 16)	164	*

Stoßsystem	ΔE/eV	R_k/a_o	$\bar{\sigma}_{21}/cm^2$	Ref.[1]	
Cd^{2+} + H	3,3	8,2	(2 - 3) (- 15)	164	*
Zn^{2+} + H	4,4	6,2	1,8 (- 15)	164	*
Kr^{2+} + H_2	2	13,6	(2 - 3) (- 16)	104	*
Cs^{2+} + H_2	8,9	3,1	(2 - 3) (- 16)	107	*

1) In den mit * gekennzeichneten Reaktionen wurde der ΔE-Wert durch einen Vergleich mit theoretischen Rechnungen bestimmt bzw. die Größe des Wirkungsquerschnittes durch eine Extrapolation festgelegt.

Die in den Klammern angegebenen negativen Zahlen bestimmen die Zehnerpotenz der Wirkungsquerschnitte.